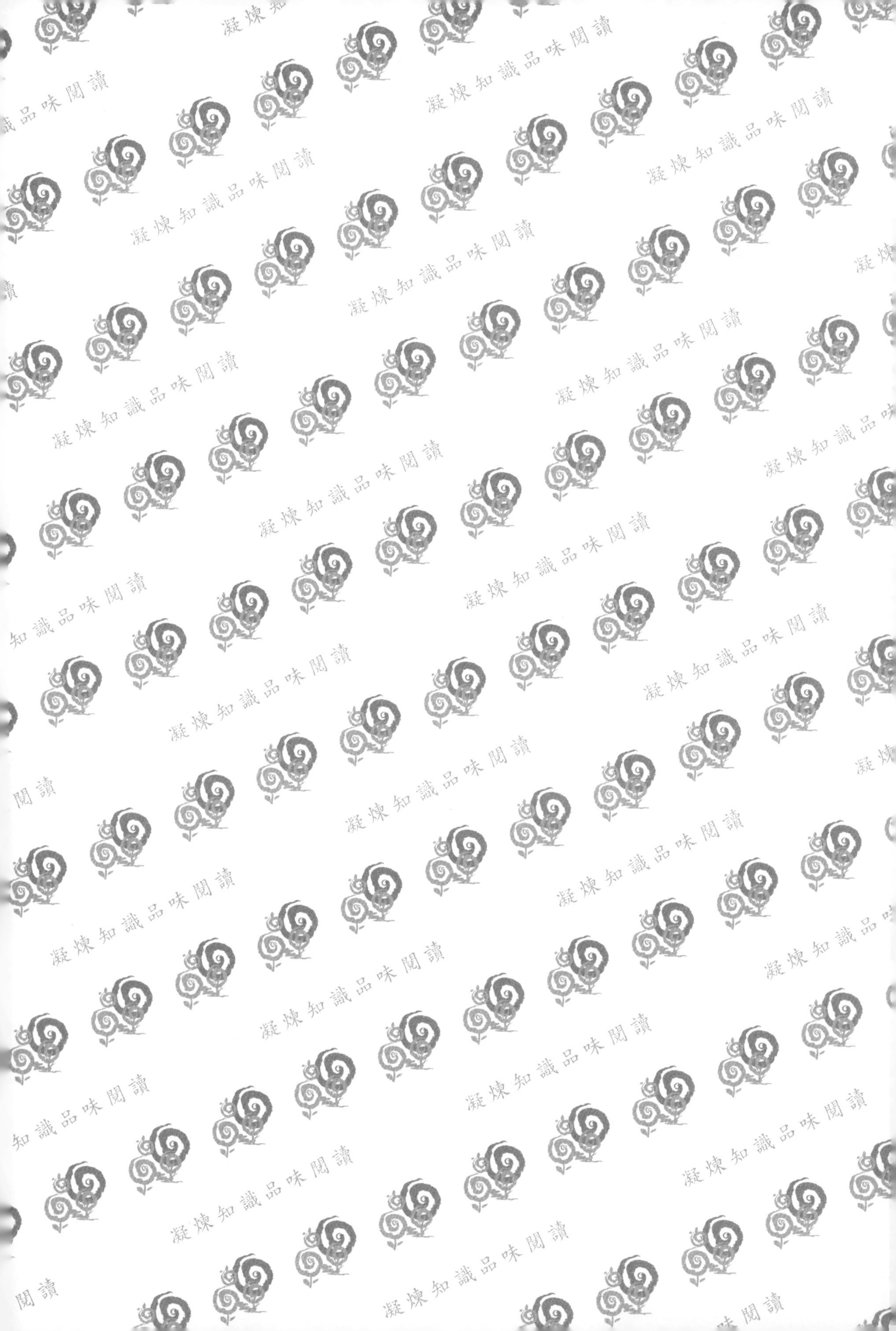
凝煉知識品味閱讀

凝煉知識品味閱讀

·第八版·

企業管理

實務個案分析

戴國良 博士——著

五南圖書出版公司 印行

序

「企業管理」指的是企業的「經營」（Run Business）與「管理」（Management），也是企業製造產品或提供服務性產品，然後在激烈競爭環境中，超越競爭對手，並且滿足消費者需求的一種循環與過程。

本書三大篇內容

本書即是以「企業管理」（Business Management）爲基礎，而發展出實務個案的教科書。內容區分爲三大篇，這些篇別內容都是企業在經營環境中，最重要且最核心的工作重點。這三大篇，包括了：

第一篇：經營管理與策略管理實務個案篇

第二篇：市場營運與行銷管理實務個案篇

第三篇：組織、領導、激勵、培訓、考核與管理實務個案篇

對個案學習的內涵與認識

本書個案均屬短篇型個案，所謂「精簡有力、重點摘示」，即是此意。值得特別說明的是，採用本書最重要的是每一個個案後面的問題研討。筆者期待所有的讀者都能以探索事情背後的眞相，追出眞正原因，了解事件的系絡（Context），分析事件的完整面向（Dimension），並且提出自己的觀點、看法、評論及想法。唯有透過深度思考及充分的大量閱讀，才能擴大我們的知識及常識。然後，對於個案教學或個案式互動學習，才會有所收穫。

在實務上而言，企業是具有變動的、彈性的、競爭的、即時的、反應的、隨時可以改變，也隨時必須要改變與因應的。這就是企業的現實面，它是與理論不完全相同的。另外，各公司也經常會因爲它們的成立歷史、資源豐富、規模大小、負責人領導風格、行業特性、人才團隊、企業文化、產業競爭結構等之不同，也會有所不同。因此，我們可以說，在企業經營管理實務上，各產業會有所不同、各公司也會有所不同。因此，個案的分析、解決方案與對策，並不可能完全有同一個標準答案，這也是不必要的。

因此，看待個案教學或個案學習，我們並不強調標準答案、最後答案或唯一正確作法。相反的，我們應重視的是，在這麼多個案中，我們學習到更廣闊的視野、更前瞻的洞見、更深刻的成功與失敗經驗，以及更多元的問題及解決方法。當然，還有更多是人的問題，問題出在人上。

此外，一定要深切記住，要不斷問自己、問別人：爲什麼？因爲，追究出眞正原因及眞正問題，企業才能眞正有效改革，提升自己，加強總體競爭優勢與競爭力。本書即提供了這樣一個完整架構的思維及個案。

本書四大特色

本書擁有四大特色：

第一：本書架構清晰及內容涵蓋完整。從企業策略規劃、市場營運、行銷活動，到組織、領導、激勵、培訓、考核等，結構相當周全。

第二：本書絕大部分（98%）都是臺灣本土企業的個案，每個人都很熟悉這些公司，因爲它們就在我們周邊的生活消費之中。因此，有一種貼切的學習效果。這與國外個案教科書大不相同。

第三：本書個案均屬短篇型個案，沒有長篇大論而摸不著重點的感覺，可以很快地學到一些要點。本書計有 71 個短個案。

第四：本書個案都是最實用的，讓讀者能夠與實務相結合，更達到與時俱進的目標。

感恩與祝福

本書的順利出版，感謝家人、學校長官和同事、過去的公司老闆、老師們、讀者們、學生們，以及五南圖書出版公司，由於您們的鼓勵與支持，本書才能與大家見面，感謝！

作者 **戴國良**

敬上

taikuo@mail.shu.edu.tw

關於「實務個案教學」的進行步驟、要點說明及學習目的，論述如下：

壹、個案研討教學七步驟

有關本書個案研討教學（Case Study）的進行方式，有以下幾點說明：

第一：原則上「個案教學法」應該在碩士班或在職碩士班進行比較理想。因為碩士班的學生人數較少，而且培養他們的思考力、分析力、組織力及判斷力，遠重於純理論與背記的方式。但是，現在很多個案教學法亦向下延伸到大學部，因為大學部學生也不希望四年時間都是在學習及背記一些純理論名詞或解釋其意義。這些已不能滿足他們，亦無法提升他們的就業能力。

第二：對於個案研討教學進行的步驟及方式，有幾點說明：

1. 上課前一週，請同學們每一個人務必要事先研讀完下一週要上課的個案內容。過去，採取分組認養某些個案的方式，使大部分的人只專心自己的個案，對其他個案卻不了解，在討論時也就無法參與，這樣達不到好的學習效果。
2. 上課時，開始依照每一個個案後面的「問題研討」題目，逐一請同學們提出答覆及看法，如果沒看書的同學自然講不出來。
3. 在所有題目問完之後，接著請同學說明研讀本個案的綜合心得或看法。此時老師可與學生展開互動討論。
4. 接著，由授課老師做綜合講評。包括：此個案的綜合結論是什麼、同學們表達的意見是如何，以及是否有其他不同的看法、理論與實務互相印證與應用說明等。
5. 下課後，請每一位同學要做 1～2 頁的「個人心得紀錄」，表達您個人從這一個個案，以及從教室內的個案討論互動中，您的學習心得是什麼。然後在學期結束之時，請每位同學繳交一本每次上課的個人心得紀錄。如此的訓練，目的在使每位同學在個案研討教學之後，能夠回顧每週課程及整個課程，並且用心記錄下所看到及聽到的事情，進而組織成為一份研習報告。這就是一種訓練、一種培養、一種過程及一種學習。一定要嚴格，嚴師出高徒，是永遠的眞理。
6. 最後幾週，要請分組的組別同學以 PPT（PowerPoint）的簡報方式，做出本學期這麼多個案研討之後的歸納式、綜合式及主題式的期末總報告。這是一次重要的報告，報告方式、格式、內容並不拘，各組可以從不同角度切入去看待及做出歸納與結論。透過 PPT 的簡報方式，可以讓我們強烈吸收到更精簡、更有系統、更關鍵及更歸納的表達方式與結果。這可以讓大家更爲印象深刻，並達到良好的學習成效。

1. 每一位同學，一定要事前研讀好下週要討論的個案內容。

↓

2. 上課時，授課老師可依照本書每一個個案後面的「問題研討」，逐一向同學們提問。

↓

3. 同學們答覆後，其他同學可提供不同看法或意見；此時授課老師與同學展開互動討論，交換相同或不同的觀點及見解。

↓

4. 所有問題問完後，授課老師可請其他幾位同學上臺表達對此個案的綜合學習心得為何。

↓

5. 最後，由授課老師做綜合講評，並結合理論面與實務面的觀點加以融合。

↓

6. 另外，每一週個案研討結束時，一定要請每一位同學繳交 1～2 頁本週個案學習心得紀錄報告，而不是課堂彼此講講話而已，還要有記錄思維的撰寫養成才行。

↓

7. 最後兩週，則必須請同學們分組做好 PowerPoint 簡報，並派人上臺報告。各組必須有能力及有系統的歸納出學習重點何在，並做各組比賽。

個案研討教學七步驟

貳、個案研討教學的思考與學習重點

在個案研討教學過程中，授課老師應該要多多引導學生幾個思考與學習重點：

第一：要不斷的問學生爲什麼？從爲什麼中去追出背後的原因、因素、動機、目的或問題及答案等。這樣才能夠培養學生們不只是看到表面而已，而更能深一層的挖掘出更有價値的資訊出來。這也是爲了訓練思考力、分析力與追根究柢的能力。當然，個案分析中，有些未必有單一的標準答案。

第二：由於是短篇個案型態，所以一定要請學生們勿侷限於個案文字內容，應在事前多上各公司的官方網站，以了解該公司的進一步狀況；能主動蒐集更多的資料情報，這當然是更好的作業方式。

第三：要多問 How to do。即怎麼做？如何做？作法爲何？這是培養學生提出解決對策能力的一種方式。

第四：要追問「效益如何」？有些作法、創意、想法、思考是天馬行空，最後一定要回到效益上，包括事前的效益評估及事後的效益檢討。

第五：最後，一定要將課本上的專業知識、理解、架構及系統，與實務個案的內容互做連結與應用，讓同學們在面對各式各樣與五花八門的個案時，能夠很有系統的、組織化的、有學問的做出總結、歸納及提出自己的觀點與評論能力。

參、對國內個案研討教學應有的認知與感受

雖然個案教學法已有漸漸普及之趨勢，但作者個人仍有以下幾點提出來，供作大家參考：

第一：個案的問題中或討論中，有時候某些問題並沒有具體的「標準答案」（Standard Answer）。我覺得不必強將美國教科書上的某些大師理論硬施加在個案的標準答案上，因爲這並不符合廣大企業界的現實狀況。例如：在討論到某些領導風格、企業文化、戰略抉擇、企業情境、組織爭權狀況時，涉及到老闆、個人、不同的企業文化等各種狀況，其實這並沒有標準的答案，而是見仁見智的。例如：我們可以說郭台銘、張忠謀、施振榮、蔡明忠、徐旭東等國內大企業老闆們，各有不同的領導風格、用人觀、戰略與抉擇、企業文化，可是他們的企業都非常成功，但他們每個人的領導風格都是不一樣的，也都沒有標準答案。所以，有些問題有標準答案，有些則不必要有，因爲條條大路通羅馬，追求單一路線通羅馬並非必要，因

為這會扼殺了多元化、精彩化、五湖四海般的可能適應性答案。

第二：美國商學院 MBA 課程通常要求學生有 2～5 年的工作經驗；換言之，學生並非白紙一張，都擁有不同產業的實務經驗。因此，討論個案時，學生提出的觀點，通常都很符合實務且深具思考意義。

反觀臺灣 MBA 學生，大部分是大學部畢業生，因此即使個案設計再良善，學生的思考總是有種隔靴搔癢的感覺。縱然也有不少發人省思的看法，但其互動效果，就沒有美國課堂來得好。

而 EMBA 學生則較適用個案教學法，因為他們都在一些企業界待過，不管是基層或中高階主管，多少也真正體會企業如何運作、企業人事與組織問題、企業領導人問題或企業策略問題等。因此，有時候把 MBA 與 EMBA 融合在一起上課，也是很好的改變作法。

第三：策略管理或企業管理的個案內容，有時候會延伸擴展到多面向的功能管理知識。因此，不管是老師或學生們，恐怕要有充分且多面向的企管知識、商管常識，或是具有企業實務經驗等為佳。例如：一個個案中，可能會涉及到財務會計知識、行銷知識、人資知識、組織與企業文化知識、IT 知識、全球化知識、經濟與產業知識等非常多元的知識。此時，老師或同學們最好具備這些方面的基本入門知識或常識為宜；否則，就不易有深入且正確的個案討論及學習效果。

第四：臺灣缺乏本土化的實用企業個案內容，國內幾家國立頂尖大學，大部分用的是英文版教科書的美國個案或哈佛商學院的美國個案。這些個案可以說離臺灣甚遠，有些更是 20～30 年前的舊個案，有些則是翻譯為中文版的生澀個案，唸起來或討論起來都覺得遙遠，學習效果不佳。這一部分也是值得未來加以改革的，而本書即是踏出了這一步。

第五：最後個案研討與個案教學的目的究竟何在？

究竟要訓練或培育學生們或上班族們什麼樣的能力或目的呢？這倒是值得深思的問題。我覺得個案教學法、個案互動研討或個案式讀書會的目的，主要在培養學生們或上班族們下列幾項能力：

1. 提升他們廣大的視野、格局及前瞻力。透過研習各式各樣產業、企業組織文化、成功與失敗的個案、領導風格、決策、市場狀況等，您會發現，自己對看待企業的經營管理、企業的決策、企業的策略、產業結構的變化、競爭大環境、組織與人事運作等，都會跳脫原來的狹窄觀、短視觀、單一行業觀、單一部門觀、低階主管觀、小範圍觀及今日觀，而轉向與提升爲更大格局、更遠視野及更長期的前瞻性。

若能做到這樣，我認爲這就是一種很大的進步與很可貴的豐收成果。

2. 磨練他們的分析力、思考力、合理性力、歸納力、邏輯力、融會貫通力、系統化力、架構化力、判斷力、問題解決力與直觀決斷力，這是個案教學法或個案讀書會的第二個重大目的，以及欲培養出來的技能。因爲，傳統理論教科書中，比較缺少企業個案的「各種狀況」及「各種問題點」，因此，無從分析、無從思考及無從判斷。有了各式各樣的公司狀況、有成功也有失敗的個案，因此，就能磨練學習者下列 12 項的重要綜合性管理能力，包括：

(1) 分析力（Analysis）。

(2) 思考力（Thinking）。

(3) 合理性力（Make-Sense）。

(4) 歸納力（Summary）。

(5) 邏輯力（Logical）。

(6) 系統化力（Systematic）。

(7) 架構化力（Structure）。

(8) 判斷力（Judgement）。

(9) 問題解決力（Solution）。

(10) 直觀決斷力（Decision-Making）。

(11) 口頭表達力、解說力（Presentation）。

(12) 融會貫通力（Comprehensive）。

3. 迫使他們延伸學習更多面向的企業功能與不同運作部門的必要基本知識、常識與 Know-How。例如：透過個案研討，可使一個行銷人員必須去了解有關研發技術、生產製造、品管、售後服務、物流、財會、IT 等不同跨領域的營運及操作知識，這是非常必要且重要的。因爲，每一個主管只懂自己部門的事、自己專長的事，那麼就不會有大格局、大視野、大前瞻、大遠見、大溝通、大判斷、大思考、大架構、大直觀、大邏輯、大解決及大融會貫通了。我覺得這是一個很好的磨練優秀人才的過程、步驟、工具、方式及管道。

能達成以上三個項目，個案教學法或個案讀書會才算成功，也才算有價值。否則，每討論完一個個案，就忘記了另一個個案，那就沒意義了。

肆、努力建立多元化、多樣化的「個案教學法」，不必完全以美國為唯一對的方式

作者早期曾在企業界工作過，也看過很多其他企業，這些大、中、小型企業，以及更多樣的企業界老闆們、高階主管們、行業別們，我發現他們都能夠獲利、成功，他們的所得報酬豈只是我們這些副教授及教授們年薪的 3 倍、5 倍、10 倍及 100 倍。這時候，我才猛然發現，哦！原來企業界的實務及實戰經驗，其實一直是領先商管學院的傳統知識理論與象牙塔封閉學院的。因此，我覺得真的不必完全以美國哈佛、華盛頓、史丹佛、西北等知名大學商學院的企管個案為唯一教材來源或視為唯一聖經。我覺得個案教學在國內必須因材施教、更多元化、更多樣化、打破傳統、結合本土企業實務，如此，才會有學習效果，個案教學也才會受到企業界及同學們的一致性肯定。否則「個案教學」將會很空虛、天馬行空、個人化、個案化、遙遠化。總結來說，就是每個個案討論完後，又回復到個人原有的作風、原有的思維，老闆還是原來的老闆、高階主管依然故我、同學們依然學過就忘記了。

因此，國內的「個案教學」及「個案教科書」、「個案教材」，必須依 EMBA（碩士在職專班）、MBA（碩士一般生班）、國立大學、私立大學、科技大學、技術學院等不同的層次、等級、對象、師資、學生系所別，加以適當區隔，而有不同的教材及教法。如此，「個案教學」才會在國內成功扎根，也才會在企業界興起。

總之，我希望能成功建立起「臺灣模式」的「個案教學」。

伍、學生成績評分

對於學生的成績給分方式，主要依據下列幾點：

第一：課堂上，每次「互動討論」的立即表現狀況好不好及踴不踴躍。

第二：學期末繳交的「個人學習心得總報告」寫得好不好、用不用心、認不認真。

第三：學期末各「分組上臺報告」的 PPT 檔做得好不好，報告人報告得好不好，以及各分組的競賽排名成績等。

以上，是本書採取「個案教學法」所應注意的事項，在此再次提醒，供每位老師及同學們參考。謝謝各位，祝福各位學習個案成功。

目錄

第 1 篇

經營管理與策略管理實務個案篇（38 個個案）

個案 1　全聯：國內第一大超市成功的經營祕訣

一、堅持低價、便宜、微利、省錢、便利

全聯福利中心是國內第一大超市及第二大零售公司，其營收額僅次於統一超商（7-11）。該公司林敏雄董事長所堅持的最重要的經營理念，即是：堅持利潤只賺 2%，售價比別家便宜 10%～20%，完全以照顧消費者為最高方針，其品質也不打折扣，此理念深得眾多產品供應商的支持。

二、臺灣第一大超市通路

全聯的前身即是軍公教福利中心，後來經營不善，轉給全聯接手營運；到 2022 年底為止，全聯超市總店數已突破 1,100 店，年營收額也突破 1,700 億元，超越家樂福量販店的 800 億元，僅次於統一超商的 1,750 億元營收。

全聯在短短二十多年之間，即超越 1,100 家店，已成為重大的進入門檻，其他競爭對手想要進入超市經營，已經沒有可能性了，因為進入門檻太高，必須花費好幾百億元，而且不一定會成功，臺灣其他超市幾乎已經沒有經營的空間。

三、全聯快速成功的二大關鍵

全聯在短短二十多年間能夠成為超市巨人，其成功二大關鍵為：

一是，該公司發展方向正確。該公司相信規模力的重要性，因此投入大量人力及財力，加速進行門市店版圖的擴張，門市店家數多了，銷售量自然上升，供應商必然就都會來，解決產品力問題。

二是，該公司團隊協力合作。不管是第一線展店人員或是後勤支援人員，全部都投入展店工作，大家一起團隊合作。

四、價格是紅色底線

全聯林敏雄董事長有一條不可挑戰的紅色底線，那就是價格必須低價，利潤只要 2% 就好，因此，售價不會太高。這也須要供應商拉低供貨價格的配合才行。因此，全聯都是採取寄賣方式，但每月結帳，結帳付款採用現金匯款，而不是一般零售業採用三個月才到期的支票，終於獲得供應商的信賴。

另外，全聯商品部也有一支查價部隊，每天要查核零售同業的價格，確保全聯價格一定是最低或平價的。

五、快速展店祕訣

全聯有一套快速展店祕訣，一是，從中南部鄉鎮包圍都市。當時，中南部租金便宜，而且空間坪數大，可以成爲超市，所以從中南部起家。

二是，透過併購快速成長。2004 年併購桃園地區的楊聯社 22 家超市，2010 年併購味全的松青超市 66 家。

六、投入生鮮門市

全聯在 2006 年時發現，只做乾貨的營收額不可能再成長，因爲消費者不可能每天買衛生紙、買洗髮精；然後又參考日本成功的超市，都是要兼賣生鮮產品（即賣肉類、魚類、蔬菜、水果、冷凍）。

因此，在 2006 年收購日系善美的超市，引進生鮮人才；又在 2007 年收購臺北農產運銷公司，學習蔬果物流。2008 年正式進入生鮮門市店。目前，全聯在全臺已打造各三座的魚肉及蔬果物流中心。投入生鮮門市後，全聯的每日營收也都快速上升增加。

七、與廠商生命共同體

全聯的成功之一，供貨廠商是重要的，供貨廠商能夠以低價、且品質優良的產品供應給全聯超市，使全聯的產品系列有好的口碑。此外，供貨商也常配合全聯經常性的促銷活動提供更低、更優惠的特價活動，也成功拉升全聯及供貨商的業績成果。此種合作均顯示全聯與廠商爲生命共同體。

八、全聯行銷學

2006 年起，全聯才開始與奧美廣告公司合作，拍攝廣告片，那時開始出現「全聯先生」的廣告角色，並且喊出「便宜一樣有好貨」的經典廣告金句，一時引起熱議，「全聯」名字成爲全國性知名品牌。

2015 年，全聯推出「經濟美學」，喊出節省、時尚的觀念，又打響全聯的品牌好感度。

此外，全聯也推出各項「主題行銷」，例如：咖啡大賞、衛生棉博覽會、健康美麗節等，提出各類產品的低價特惠活動。

2017～2020 年，全聯推出「集點行銷」活動，以集點可以換購德國著名的廚具鍋子，也引起很大成功，拉升營收額。

此外，全聯在每年重大節慶，例如：週年慶、年中慶、中元節、母親節、父親節、中秋節、端午節等，也都有推出大型節慶促銷活動，都非常成功。

九、全聯人才學

林敏雄董事長對全聯的人力資源管理，有以下幾項原則：

1. 信任員工，充分授權。
2. 看人看優點，把人才放在對的位置上。
3. 大量僱用二度就業婦女。
4. 肯學習，有成長，就會有晉升機會。
5. 將成功歸功於全體努力員工的身上。
6. 學歷不是很重要，要肯投入、要肯用心、要隨公司一起成長，最重要。

十、總結：成功關鍵因素

總結來說，全聯能夠快速成爲國內第一大超市，歸納它的成功關鍵因素有以下十一點：

1. 快速展店的經營策略正確。
2. 同業的競爭壓力，當時不算太強大（頂好超市）。
3. 擁有很用心、肯努力、有團結心的人才團隊與組織。
4. 供貨廠商全力的信賴與配合。
5. 低價政策！只賺 2% 的獲利政策！薄利多銷！
6. 定位明確、正確。

7. 能站在消費者立場去思考、去經營，以滿足顧客的生活需求。
8. 全臺 1,100 店，解決顧客的便利性需求，不像量販店及百貨公司需要開車去購物。通路密集在各大社區巷弄內。
9. 乾貨 + 生鮮的產品系列可以使顧客一站購足。
10. 全聯二十多年千店經營，已經建立很堅強的進入門檻，未來新進入者已很難有超越的機會。
11. 行銷廣告宣傳出色、成功！

問・題・研・討

1. 請討論全聯成功的十一項要訣為何？
2. 請討論全聯經營的根本原則為何？什麼是紅色底線？
3. 請討論全聯為何能贏得供應商的信賴？
4. 請討論全聯快速展店的祕訣為何？
5. 請討論全聯為何要投入生鮮門市？
6. 請討論全聯的行銷操作有哪些？
7. 請討論全聯的人才學為何？
8. 總結來說，從此個案中，您學到了什麼？

- 全臺 1,100 店
- 全年營收額 1,700 億元
- 1,200 萬人辦福利卡

- 打造臺灣第一大超市
- 打造臺灣第二大零售業，僅次於 7-11

全聯：臺灣第一大超市

(1) 快速展店策略

(2) 同業競爭壓力當時不是太大

(3) 擁有認真的工作團隊

(4) 供貨廠商全力信賴與配合

(5) 低價政策

(6) 定位明確

(7) 滿足顧客需要

(8) 全臺 1,100 店，具便利性

(9) 顧客可一站購足

(10) 建立高進入門檻

(11) 行銷廣告宣傳成功

全聯：成功的十一項關鍵要素

個案 2　華新醫材：全臺前三大口罩王的經營祕訣

一、公司簡介

原先做橡膠手套的華新醫材，因爲該產品價格下滑，後來改做口罩，2022 年營收 7 億元，年產口罩 1 億片，銷往全球 20 多個國家，居全臺前三大口罩工廠之一。目前廠房在臺灣、中國及泰國三地。

二、運用創新與差異化存活

華新醫材鄭永柱董事長表示，當時轉做口罩時，臺灣廠商已有 10 多家工廠在做，而且其生產技術門檻並不高，只要將機器、原料、人工三者備齊，即可開工。開始進入市場時，在產量上也贏不過別人，故思考一定要求變。於是華新醫材運用創新及差異化，才能在競爭激烈的口罩市場存活下去，不易被取代，並提供更好品質的口罩給消費者。

鄭董事長坦言技術與銷售通路都不是問題，而是如何脫穎而出，故該公司從一般平面口罩開始產銷，到現在研發出數十種不同功能口罩。

三、積極研發，口罩種類多元化

華新醫材公司現有 130 位員工，光專門口罩研發人才團隊，即有 8 人，平均每年研發二種新功能口罩，目前專利已超過 45 項，且獲臺灣精品獎；旗下所產特殊功能型口罩，在臺灣市占率即有三成。

華新醫材最大優勢，即在於創新能力，並且研發多元化口罩，包括：平面、防空汙、運動型、氣密型，持續研發不同類型口罩，以滿足更多元化國內外客戶的需求。華新醫材的信念是：不能做到世界第一，也要做到世界獨一無二。

四、銷售通路

目前，華新醫材的下游客戶，主要有國內經銷商、藥妝店、網購、藥局以及國外客戶訂單。國外客戶訂單占營收比例七成，國內銷售占三成。海外市場還是比較大。

五、口罩觀光工廠

2014 年，華新醫材設立全球、全臺唯一口罩觀光工廠，利用此處以了解顧客需求，讓民眾試用，以蒐集回饋意見，並藉此打開品牌知名度。

六、未來努力方向

華新醫材鄭董事長表示，該公司雖然在創新研發領先，但其創新使平均成本較其他業者高出一倍，故未來如何提升高單價功能型口罩的銷售數量及生產速度，以有效降低平均成本，是未來努力方向！

問・題・研・討

1. 請討論華新醫材的公司簡介。
2. 請討論華新醫材的三大勝出要因為何？
3. 請討論華新醫材的銷售通路為何？
4. 請討論華新醫材的口罩觀光工廠有何作用功能？
5. 請討論華新醫材的未來二大努力方向為何？
6. 總結來說，從此個案中，您學到了什麼？

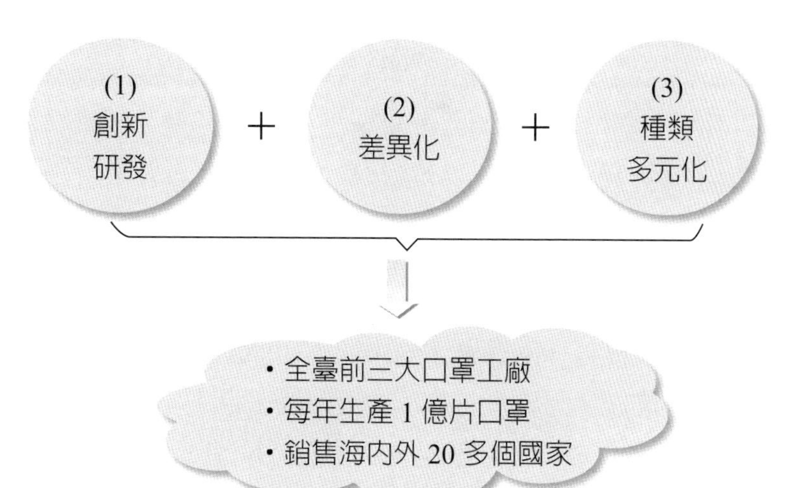

華新醫材：創新、差異化、種類多元化的三大勝出要因

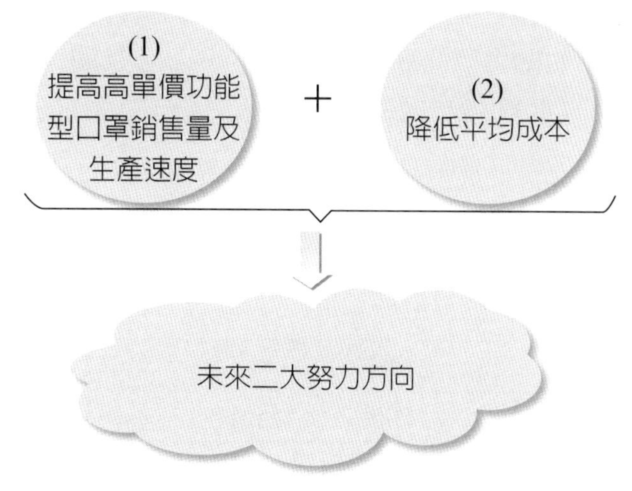

華新醫材：未來努力方向

個案 3　巨大自行車：逆轉勝的經營祕訣

一、股份及市值創新高

2021 年 1 月 15 日，巨大（GIANT，捷安特）自行車的股價創下新高，達到 334 元，企業市值達到 1,250 億元。

過去，中美貿易戰開打，歐美國家對中國製造商品開出高關稅，這對以中國爲主要生產基地的巨大來說，是雪上加霜。此段時間，巨大年營收從 2015 年的 6,000 億元高點，衰退到 2017 年的 5,500 億元，股價最低跌到 111 元。

二、全球新冠肺炎下，自行車供不應求

2020 年 2 月起，全球都受到新冠肺炎的重大影響，巨大自行車產能亦開到最滿，市場供不應求。現在最好的運動，就是騎自行車，巨大也是此波新冠病毒的受益者。

在歐美市場，每個國家買自行車都有補貼，而且每個大城市都在做自行車道。在歐洲從小孩自行車到一般上班族通勤上班，再到高階電動自行車，需求量都很強。

歐洲市場目前是巨大全球最大的市場，占比達 37%，比美國市場還大。如下表：

市場	歐洲	亞洲	美洲	臺灣	其他
占比	37%	24%	21%	5%	13%

三、轉型到短鏈供應策略

巨大認爲：一個中國供應全世界的時代已經過去了，未來的生產基地，一定要在靠近市場的地方生產；亦即，歐洲市場的需求量，應該就近由設在歐洲的工廠供應，這就是「短鏈供應策略」，也就是縮短供應鏈的意思。

於是巨大董事長杜綉珍決定將中國的三座大工廠，關掉成都廠（30 萬輛產

能），改在歐洲的匈牙利，完成設立新工廠，並且已經開始運作。

至於是否前進美國，在當地設廠，杜董事長表示：「未來絕對有可能。等匈牙利廠運作穩定，就要開啟赴美國設廠。」

四、高檔自行車，仍在臺灣生產

對於高價位與高檔的自行車，巨大仍選擇在臺灣生產製造。臺灣做最難的車架、最有附加價值的零配件，最頂級產品就維持在臺灣，以使高級技術不外流。

五、電動自行車大幅成長

最近三年來，臺灣電動自行車的外銷出口量，每年已達70萬輛，年成長率都超過雙位數；臺灣更成爲歐盟地區電動自行車進口的第一大國家，而且市占率達70%；臺灣這幾年，傳統自行車出口衰退，反而是電動自行車高速成長，解救了臺灣自行車產業。

電動自行車也成爲巨大公司近三年來出口量快速成長的最大助力；現在，巨大的臺灣廠、中國昆山廠、歐洲匈牙利廠都可以生產電動自行車，就近供應中國、歐洲市場的大量需求。

傳統自行車裝上馬達、電池、控制器後，就成爲電動自行車，未來五年仍有很大的成長動能。

六、小金雞準備上市

巨大公司還有一個潛在利多即將實現，即2020年巨大股東會已正式通過旗下做鋁合金材料的捷安特輕合金科技公司在中國A股上市一案。

該公司原本只是巨大爲了供應自家自行車車架所需材料而成立，但現在不僅接自家的訂單，也開始對外接單，營收愈做愈大，也穩定獲利，因此就讓它在中國上市。

七、布局中高端市場

巨大2019年也正式推出高端品牌，即碳纖維品牌「CADEX」，此品牌提供了高附加價值的碳纖維車身零件及服務，希望能夠成功打進歐洲及美國的高價位、高端自行車市場。

八、2022 年底，庫存過多，面臨經營困境

2022 年 12 月 15 日，巨大自行車發出信函給零組件供應商，表示支付票期將展延 45 天才能付款，請各供應商共體時艱。經各方了解，巨大是面臨了全球經濟景氣寒冬，尤其是歐洲市場的庫存過多，需要半年時間去消化庫存；中國市場的自行車銷量也面臨大幅衰退的不利結果；沒想到任何企業的經營都必須思考到危機降臨，要永遠保持危機意識才行。

問・題・研・討

1. 請討論何謂「短鏈供應策略」？
2. 請討論巨大自行車近年來逆轉勝的五大經營祕訣為何？
3. 請討論巨大的全球各地區市場占比為多少？
4. 請討論 2022 年底，巨大面臨何種經營危機？
5. 總結來說，從此個案中，您學到了什麼？

巨大自行車：逆轉勝五大經營祕訣

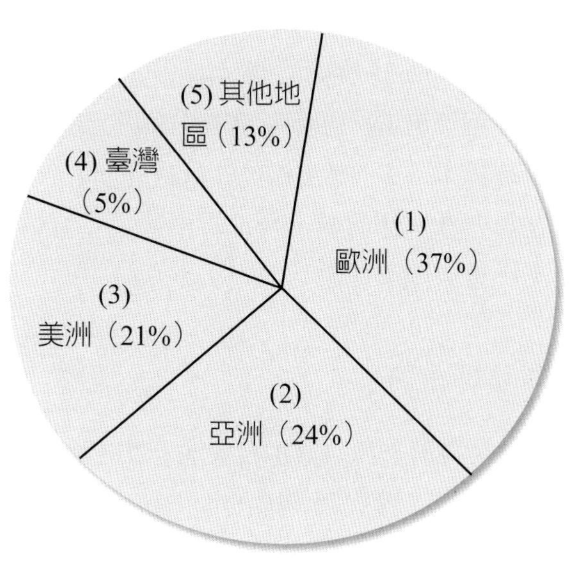

巨大自行車：五大市場占比

 個案 4　喬山健身器材：穩健邁向第一

一、公司概況

喬山公司位在臺中，目前是亞洲第一，全球第二的健身器材公司，極有可能在三年內邁向世界第一。

喬山公司成立於 1975 年，是年營收額超過 260 億元的中大型企業，產品行銷 100 個國家；擁有近 300 家自有直營零售通路，它的銷售客戶包括全世界最大健身中心連鎖店的星球健身（Planet Fitness），以及萬豪、四季、君悅等知名大飯店。

喬山遍布在全球有 33 家子公司，以及分布在臺灣、中國、越南、美國、日本五家工廠。

二、化危機爲轉機

2020 年上半年，全球爆發新冠肺炎傳染病，喬山產品的行銷對象 75% 是健身房，也受到嚴重不利影響，但 25% 賣給消費者，卻反而有成長。

喬山公司面對這一波疫情來襲，卻老神在在，其主要原因有：

1. 美國有很多小型健身房撐不下去，喬山恰好可以在此時加以併購。
2. 喬山業績旺季通常在第四季，那時候，全球經濟應可望好轉。
3. 喬山看準明年健身市場會有顯著成長。

三、抓緊機運，展開品牌布局

喬山在全美已有 95 家掛著喬山（JOHNSON）店招牌的零售店。另外，在中國、泰國、馬來西亞、菲律賓、義大利等國，也均有當地專賣店。

2019 年，喬山又收購日本富士醫療器材 60% 股權，正式進軍按摩椅新領域，與原有健身器材具有相關性，可收到 1 + 1 > 2 的收購綜效。

臺灣部分，喬山公司也積極擴大展店，以及加強電視廣告的投放曝光，使喬山成爲國內第一品牌的健身器材供應商。

四、喬山歷經五階段

喬山成立已有 30 多年，其歷經五個階段：

1. 入門學習期。
2. 通路拓展期。
3. 品牌扎根期。
4. 規模擴張期。
5. 堅壁清野期。

如今已日漸茁壯的喬山，正在邁向世界第一大的健身器材供應商。

問・題・研・討

1. 請討論喬山公司概況如何？
2. 請討論全球新冠肺炎疫情對喬山的影響如何？
3. 請討論喬山公司在臺灣市場的作為有哪些？
4. 總結來說，從此個案中，您學到了什麼？

喬山：公司概況

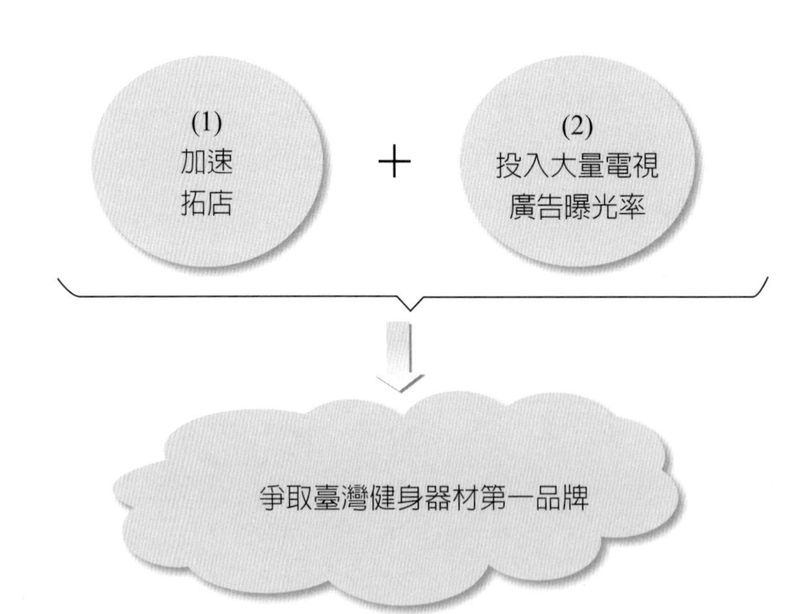

喬山：強攻臺灣健身市場

 個案5　禾聯碩：本土家電領導品牌的成功祕訣

一、公司簡介

臺灣本土上市的家電品牌共5家，分別是東元、聲寶、三洋、大同及禾聯碩，統稱爲「本土家電五雄」，其中，又以禾聯碩位居領導品牌。

禾聯碩在2019年5月從上櫃轉上市，營收爲58億元，毛利率三成多，比同業多一倍，EPS（每股盈餘）連續四年超過10元，有「家電股王」之稱。

禾聯碩至今的主力產品，計有液晶電視機、冷氣機及小家電等三大類。

二、早期以液晶電視機起家

液晶電視剛起步時，禾聯碩（HERAN）從研發、製造、到銷售一條龍，價格親民，品質夠好，商品種類也比較多。因採購量大，相對有本錢議價，成本也就會降下來；此外，也有資源投入廣告，把品牌帶上來，形成一個良性循環。

當時，液晶電視機一上市，很快就銷售出去，最高銷售量曾經一年賣出26萬台，好幾個其他品牌加起來，都沒有禾聯碩多；總之，因採購成本低、銷售速度快、獲利情形自然比同業好。

現在，液晶電視機家家都已有了，因此，這幾年市場逐漸飽和；禾聯碩現在的銷售重心改在冷氣機。

三、現在主攻冷氣機

禾聯碩對冷氣機的經營，主要是差異化策略。包括好幾個區塊：

一是，把產品線擴張，從最小型到最大型的機台都有。

二是，拓展產品線寬度，以冷媒來講，包含410及342兩種機型。

三是，著重不同用途，像箱型機、送風機、壁掛式等。

禾聯碩專門開發和別人不一樣的商品，這是該公司的利基點，這樣可以涵蓋不同顧客及不同通路的需求。所謂「差異化」，不是指跟別人有什麼差別，市場上很多產品的功能都很像，也容易複製，主要是看整個產品規劃是不是很多元化、多樣化。

四、投入小家電的評估

很多東西都是水到渠成，禾聯碩很早就想做小家電，但要先評估幾點：

一是，公司的品牌力夠不夠。

二是，公司的研發。引進一樣產品，要給它什麼功能，研發團隊有沒有能力做到。

三是，通路夠不夠。禾聯碩小家電有 200 多個品項，早期在一般經銷通路沒辦法做這一塊，因爲經銷店空間有限；現在禾聯碩在賣場通路很強，以及電商虛擬通路也不錯，倉庫也準備好了，才開始導入小家電。

簡單說，要推出新產品系列，在研發、製造、儲運、銷售、通路、品牌、售後服務等，都要準備好，才會成功。

五、研發的依據來源

禾聯碩對新產品或原有產品的研發來源，主要是來自第一線銷售人員，他們在賣場天天接觸消費者，帶回來的訊息反饋很重要，公司現有第一線銷售人員已超過 100 人之多。其次，是全臺經銷商的訊息，也會參考。

禾聯碩的研發人員及業務人員都會有定期的提報會議，只要看到市場需求或消費者生活上問題點，業務人員提出建議，研發團隊評估後，會再往下發展，現在已有 30 多人的研發團隊。

對第一線人員來說，商品要有能推銷的特點，如果大家的商品都一樣，硬要講哪裡不一樣，對銷售人員很辛苦；因此，研發團隊一定要創造出跟別人不一樣的特色出來，要有一些差異化或獨一無二的特點。

六、品項多但量少，要如何處理

禾聯碩覺得倉儲最重要，因此該公司在臺中、臺南、高雄、桃園都建有自己倉庫，如果倉庫容量不夠，就無法支撐產品的多樣化策略。

總之，研發力、品牌力、銷售人員力、倉庫力、售後服務力、及製造力等六大能力都很重要，這些都是在建立進入門檻及競爭優勢。

七、勤走現場，充分授權

現任總經理林欽宏在公司已算是元老級員工，對於公司管理方面，他有幾項觀點及作法：

1. 他會花時間接觸第一線，到各單位去看一看，包括中南部，幾個大經銷商，他們的意見有機會直接反應給公司。他認爲不去走動，像是商品開發、市場抱怨、競爭品牌的行銷策略印象就沒有那麼深刻，自己看到與聽到的會完全不一樣。
2. 他認爲一件事要順利運作，總有個制度在，每個單位都有主管、由各主管負責，他只是要掌握各主管的進度，亦即，他是充分授權、信任各一級主管。
3. 另外，有時候行銷、企劃、營業的想法及看法不一樣，他也要經常在中間協調討論及下最後決定。各部門必須相互支援，朝公司共同目標努力達成。
4. 總之，工作心態就是要創造被利用的價値，每個人都要有他自己的貢獻。

八、HERAN 的品牌定位

林欽宏總經理認爲：「不見得每個消費者都要買最有名、最貴、最好的品牌，因爲生活水準及所得不一樣，HERAN 的品牌，最大的好處，就是 CP 值高、價格親民、產品組合多。商品多樣化可以照顧到不同族群，所以禾聯碩的顧客範圍也比一般品牌定位來得大一點。以汽車來看，有人買雙 B，但是臺灣賣得最好的卻是豐田 TOYOTA。HERAN 的定位，是中層消費者，好處是往下可以吸納其他消費者，往上也可以顧及上層的顧客，畢竟整個市場最多的顧客還是在中層，HERAN 希望逐步往上提升。」

九、未來仍須努力

禾聯（HERAN）未來還是要很努力，公司經營及品牌經營須要長時間經營，這幾年已經有了一定成效。十幾年前，剛開始時，大家都說禾聯是第三級品牌；日本品牌是第一級，本土品牌的聲寶、東元、大同、三洋是第二級品牌；如今，禾聯品牌已進入第二級品牌的前面，在冷氣方面，禾聯是本土第一品牌，僅次於日立、大金、Panasonic 日系三大品牌之後，而在平價液晶電視機則是全臺第一名品牌，僅次於高價 SONY 電視機之後。

禾聯家電一直走在自己的路上，遇到機會就會更投入、更努力，持續向前進、向上追！

十、鎖定中低價位帶

禾聯碩公司從中國引進半成品，在臺灣加工組裝，故成本較低，因此，毛利率比同業還高。

2015 年起，該公司除保有原來二大產品線外，經過準備十年的功夫，展開經營全新產品線，包括：冰箱、洗衣機、空氣清淨機、掃地機器人等 200 多個品項；這一策略，有效的拉升了該公司完整的產品線組合及提高公司的營收規模。

十一、通路策略

禾聯碩公司全臺經銷商已突破 1,500 家，再加上各大量販店賣場、3C 連鎖店、網購平臺等，通路既多且廣，非常方便消費者購買。2018 年，又在中南部興建完成 1.2 萬坪的倉儲物流中心。2019 年 5 月，上櫃轉上市成功。

問・題・研・討

1. 請討論禾聯碩的公司簡介。
2. 請討論禾聯液晶電視機為何賣得好？
3. 請討論禾聯冷氣機如何差異化？
4. 請討論禾聯碩投入小家電的三項評估為何？
5. 請討論禾聯碩對新品研發的依據來源為何？
6. 請討論禾聯碩品項多但量少的處理作法為何？
7. 請討論禾聯碩總經理的管理作法為何？
8. 請討論禾聯碩的品牌定位為何？
9. 請討論禾聯電視機及冷氣機的市場地位如何？
10. 總結來說，從此個案中，您學到了什麼？

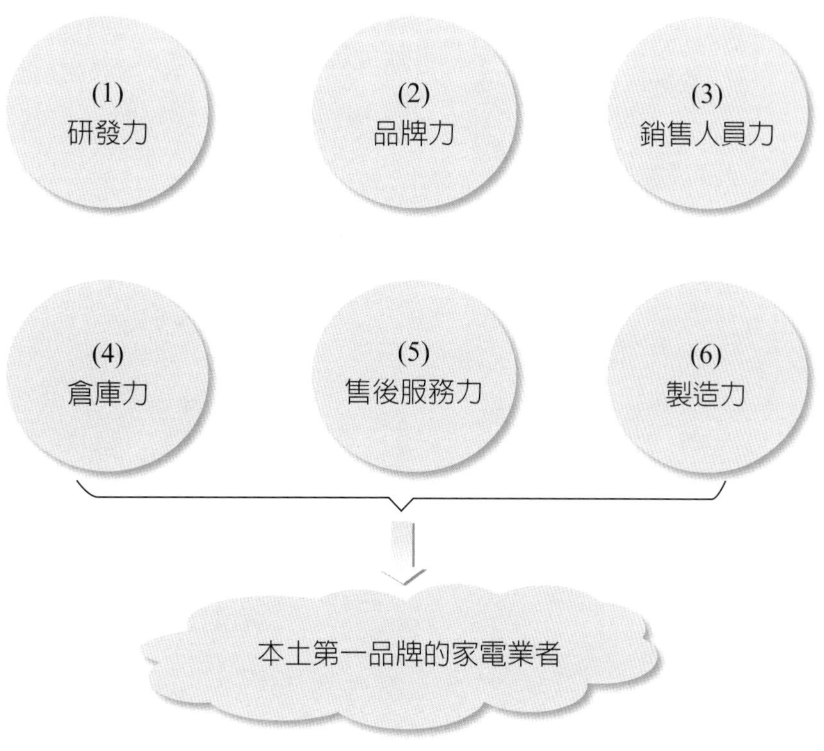

禾聯：成功的六大能力

(1)
經常到外面市場第一線去看一看、聽一聽

(2)
充分授權、信任各主管、按制度去做

(3)
各單位有不同意見，要介入協調、溝通及下決定

(4)
每個員工都能貢獻專長給公司，公司就會成長

禾聯：總經理的管理守則

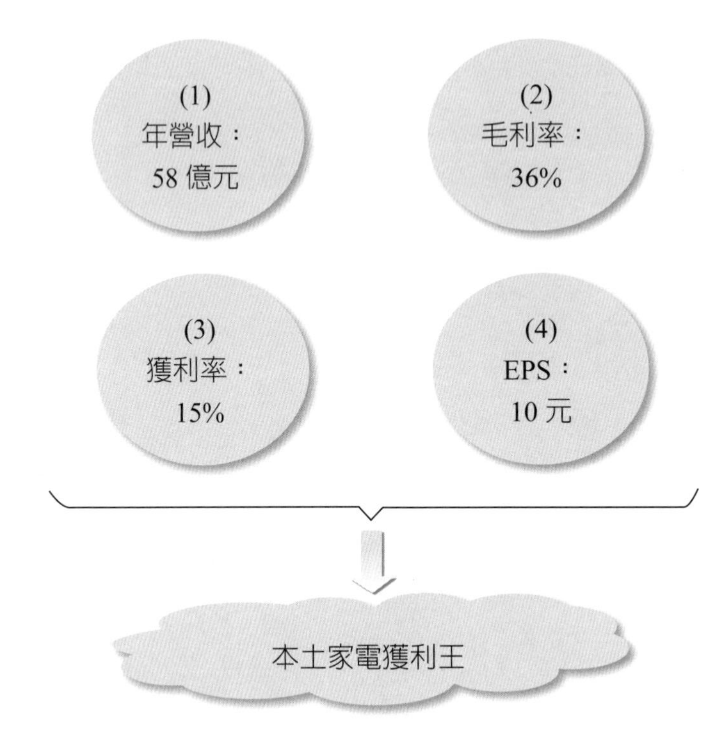

禾聯碩：優良經營績效

禾聯碩：成功六大要素

個案 6　統一企業：穩健經營哲學

一、穩健經營的理念

統一企業羅智先董事長的決策原則，即是穩定或穩健經營，他表示：「特別在充滿動盪的大環境中，管理不確定的最好對策，就是穩定，能夠穩定，就能建設，也就能進步。爲了穩健，寧可犧牲一些成長，一旦基礎打好，也會自動成長。這是一種謀定而後動的積極管理。」

穩定決定一切，是羅智先董事長最大的經營信念。

1999 年時，統一企業集團的總營收才 1,611 億，獲利 35 億；到 2021 年時，集團總營收成長到 5,600 億，獲利爲 243 億，翻倍成長，績效不錯。

羅董事長認爲，這二十年來，統一企業不受外部大環境，如 SARS、食安風暴、景氣不振、全球新冠疫情等不利影響，主要是靠統一企業近二十年來的「底子厚」！

統一企業要調整好體質，要穩健經營及獲利，才會有邁向國際化的本錢。

二、管理哲學

羅董事長受過美式教育，向來重視數字管理、目標管理、績效管理，也把企業盈利放在第一位。只要目標沒達成，隨時要換人做。

他拉出一條毛利率平均線，只要低於 30%，就要淘汰；原來有 6,400 個品項，現在只剩下 1/10，毛利率從 2000 年的 23%，提升到目前 34%。

羅董事長也很重視制度化，他認爲經營企業要靠制度及系統，才能永續經營。統一企業人多，複雜度高，他能做的就是建立制度，讓組織公平透明；並且立下人員 65 歲要正式退休，不能老臣一堆。

三、做好三安

羅董事長認爲：唯一可能破壞統一穩定的，就是安全。三安一定要做好，即：食安、工安、環安。三安做好了，統一企業就可以永續經營下去。

臺南總部掛著標語：「大家一起努力做好食品安全及品質控管。」

四、進軍中國、韓國市場

統一企業很早就進軍中國市場，成效不錯，現在中國的營收額已超越臺灣營收額；2015 年起，在中國市場獲利已顯著增加。2018 年底，又花 70 億併購韓國熊津食品公司。統一企業內部還成立「併購小組」，準備打國際盃。

五、未來聚焦在生活產業

統一企業羅董事長表示：「它們不只是食品、飲料，而是生活產業；只要有生活，就有成長機會及空間。」

統一企業不急於開創新事業，而是在現在基礎上，持續強化及深化，做好蹲馬步；最簡單的事，也會成爲最不簡單的競爭優勢！

（註：統一企業集團旗下主力公司，包括：統一企業、統一超商、統一中國、康是美、統一時代百貨、大統益食用油、統一實業、家樂福、黑貓宅急便、聖娜麵包、德記洋行、統一夢時代等，兩岸員工達 10 萬人之多。）

問・題・研・討

1. 請討論統一企業的穩健經營哲學內涵為何？
2. 請討論統一企業的管理哲學為何？
3. 請討論統一企業的三安為何？
4. 請討論統一企業未來要聚焦在哪裡？
5. 總結來說，從此個案中，您學到了什麼？

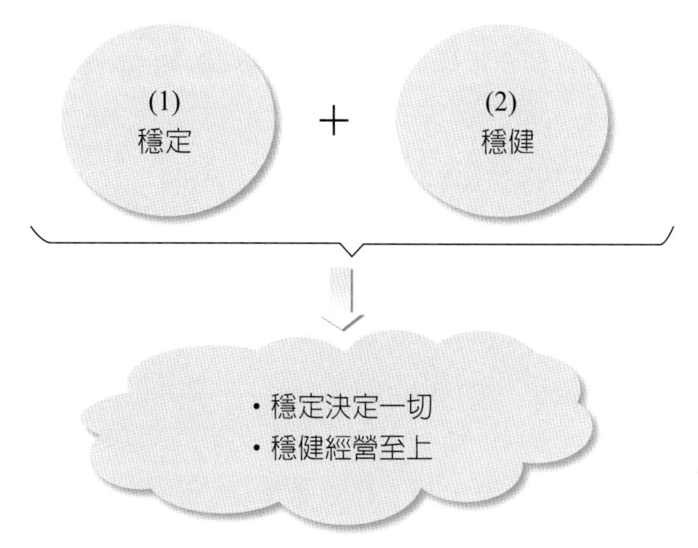

統一企業：穩健的經營哲學

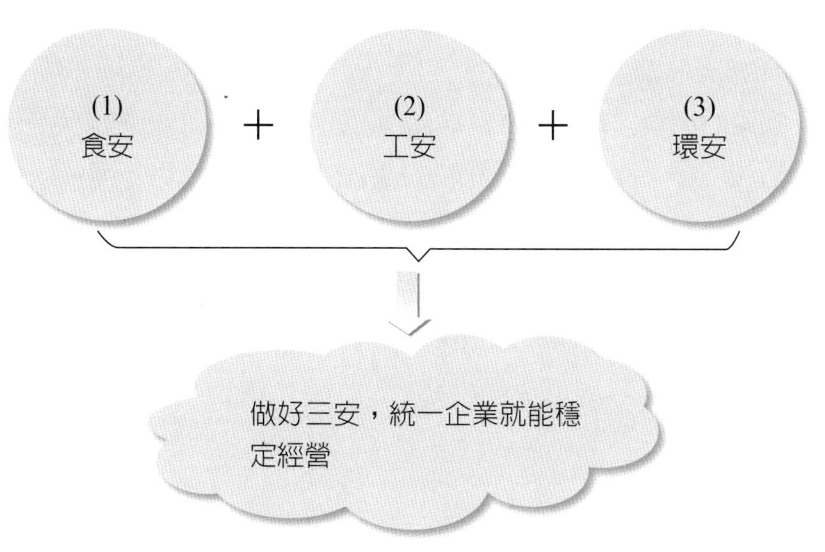

統一企業：重視三安

個案 7　momo 購物網：成為最大電商的經營祕訣

一、百貨股王

momo 購物網，2016 年營收達 280 億元，此後幾乎年年成長超過 20%，2022 年更達 950 億元，位居國內網購電商市場的第一位，遙遙領先 PChome、雅虎奇摩購物、蝦皮購物、生活市集、博客來、東森購物等競爭對手。

momo（富邦媒體科技公司）也是上市公司，2022 年的股價突破 700 元，成爲所有網購及百貨、零售行業股的最高，有「百貨股王」之稱。

momo 在 2022 年營收達 950 億元，獲利額爲 28 億，獲利率僅 2.5%，顯示 momo 都把利潤回饋給消費者的低價政策。

二、成功經營三大要素

momo 總經理谷元宏歸納該公司成功的三大因素，如下述：

1. 商品夠多！多元、齊全、選擇性多

momo 網購的品項已超過 300 萬件品項，不管是中、小品牌或大品牌，都可以在 momo 網上找到。特別是時下最熱門、顧客最想要的商品，都可以在 momo 網上找到、買到。

在這一方面，momo 商品採購部的同仁，非常積極掌握消費趨勢，另一方面也能即時回應顧客需求。再者，也會積極搜尋很多進口代理商的進口產品及本土小品牌上架到 momo 網上。

momo 購物網上的品項齊全、多元，可使消費者一站購足且選擇性多元優點，足以滿足消費者的內心需求！

2. 到貨快速！宅配到家快

momo 在五年前大舉投入物流倉庫的基礎建設，至今，全臺已有 4 座主倉（大倉庫）及 28 座衛星倉（中型倉庫），可以就近把貨從倉庫中，配送到全臺 24 個縣市消費者家中。目前，臺北市的訂貨可以在 6 小時就能宅配到家；亦即，早上訂貨，下午就到，下午訂晚上就到，很多消費者都很驚喜及期待。

假如，momo 沒有五年前大舉投入資金蓋倉儲中心，就不可能有今天的快速到貨。

3. 價格低！價格優惠

momo 產品的售價，在電商界算是比較低的；一方面是因為銷售量大，故可以較低的價格向供應商議價；二方面是它堅持毛利率只有 10%，故價格自然就低了。

momo 的價格低、價格實惠，就是讓消費者有很划算的感受、有高 CP 值感受，並且經常會回購，成為忠誠老顧客。

此外，momo 在 2019 年還推出與富邦銀行的聯名卡，只要刷此卡，就給 5% 的高回饋率。例如：顧客刷 1 萬元，買氣泡水機，就會得到 500 點數，下次再買 500 元的商品，就完全免費，不用付錢。

三、集團資源整合

momo 也積極推動與富邦集團的資源整合，有如下述：

1. 富邦銀行與 momo 發行聯名卡，目前發卡量 30 萬卡，使得 momo 會員客單價提高 15%。
2. 全臺 820 家臺灣大直營門市，已成為可代領貨的據點服務。同時，門市也會向電信用戶推介 momo 網購；目前已增加 momo 新客戶。
3. momo 購物網與富邦人壽合作，可以在 momo 網上購買車險及旅遊平安險。

四、百貨公司專櫃品牌已同時出現在 momo 購物網

過去 momo 網購最困難的是引進百貨公司專櫃品牌到 momo 購物網上，但現在已有愈來愈多的彩妝品牌、名牌精品等同時出現在 momo 購物網上面了。

問・題・研・討

1. 請討論 momo 為何能成為臺灣百貨股王？
2. 請討論 momo 成功經營的三大要素為何？
3. 請討論 momo 與富邦集團的資源整合有哪些？
4. 請討論 momo 購物網最困難的工作是什麼？現在克服了嗎？
5. 總結來說，從此個案中，您學到了什麼？

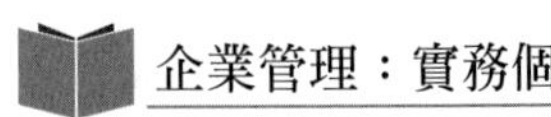

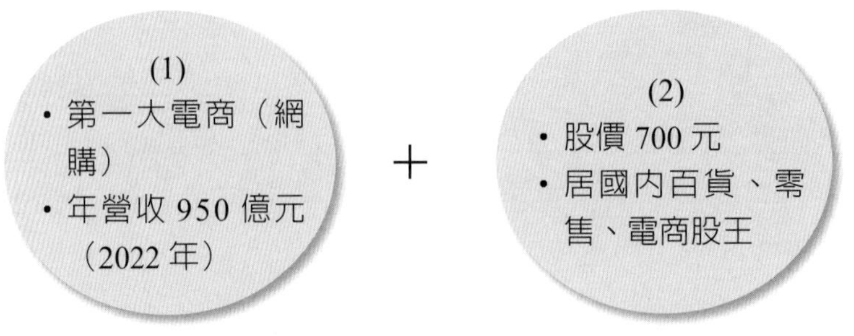

momo：臺灣百貨股王！第一大電商！

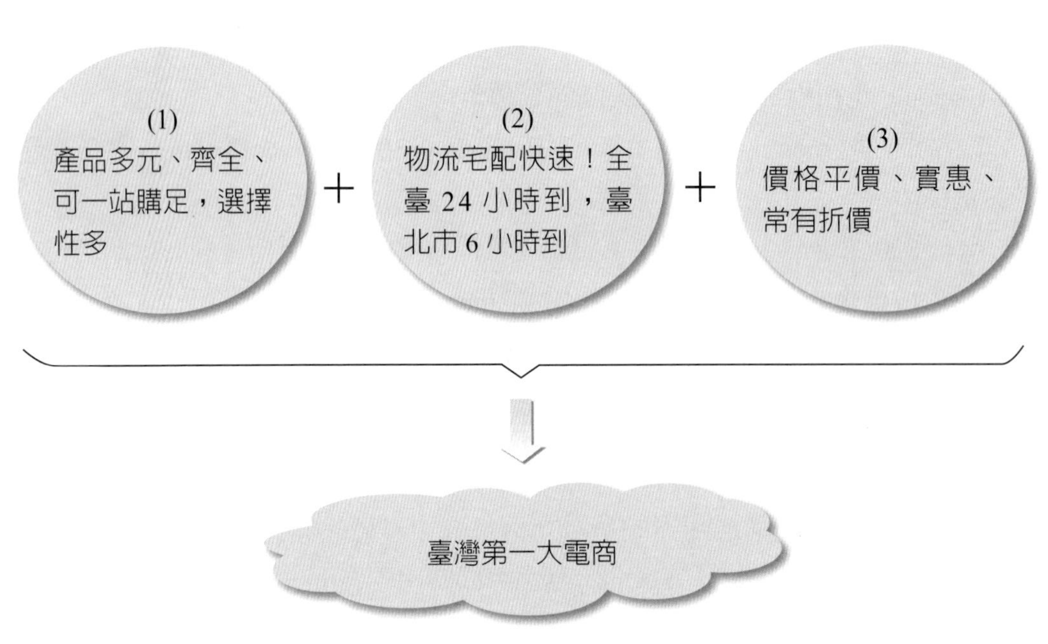

momo：成功經營的三大要素

個案 8　大立光：臺灣股王的三個不敗關鍵

一、優良經營績效

全球最大手機鏡頭供應商，即是大立光電公司，自 2012 年起，該公司即爲臺灣證券市場的股王，至今不變。

大立光公司在 2022 年度的卓越經營績效，分述如下：

- 營收額：620 億元
- 毛利率：67%
- 獲利率：45%
- EPS（每股盈餘）：200 元

全球前三大手機品牌，蘋果 iPhone、三星及華爲，均採用大立光的高端手機鏡片。

二、不敗的三大關鍵

〈關鍵 1〉鎖定目標，做手機鏡頭裡的頂端市場

專注在研發高階鏡頭，是大立光第一個致勝策略。2,000 萬手機畫素高階鏡頭占大立光業績 30%，1,000 萬手機畫素高階鏡頭占業績 50%，此二者合計占大立光八成以上的產能。

另外，「單價高」及「生產良率高」，正是大立光高毛利率的二大利器；生產良率高，正是因爲大立光專注於技術，由於技術獨家、領先，生產良率因此高出同業很多，也得到手機客戶端的信賴。

多鏡頭、高畫素正是未來手機趨勢，而大立光也正默默專注於研發光學鏡頭技術，不斷突破與創新！

〈關鍵 2〉擴充產能，布局未來十年

大立光擴廠不間斷，在 2017 年大擴廠後，2019 年又砸百億元，在臺中興建三座工廠，2023 年將正式量產，這些都是爲了未來十年（2021～2030 年）的戰略布局。這也是大立光一貫的高瞻遠矚，看到十年後的公司發展願景。

〈關鍵 3〉不畏雜音，專注做好一件事

大立光專注於高階手機鏡頭的策略，十年來不曾動搖過，只有聚焦、再聚焦。大立光傾其所有精銳資源，聚焦高階手機鏡頭的決心，專注做好一件事情。

問・題・研・討

1. 請討論大立光的卓越經營績效為何？
2. 請討論大立光不敗的三大關鍵為何？
3. 請討論大立光能有高毛利率的三大利器為何？
4. 總結來說，從此個案中，您學到了什麼？

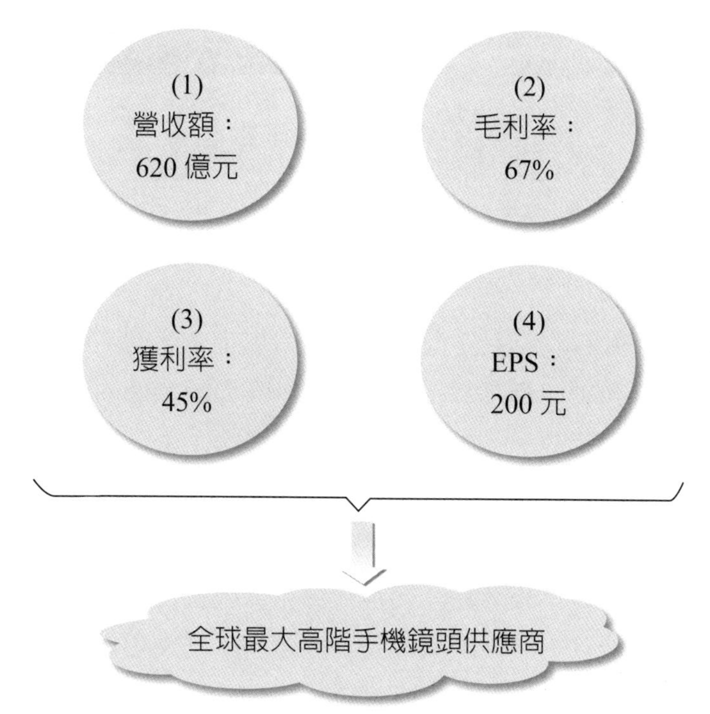

大立光：卓越優良經營績效（2022 年度）

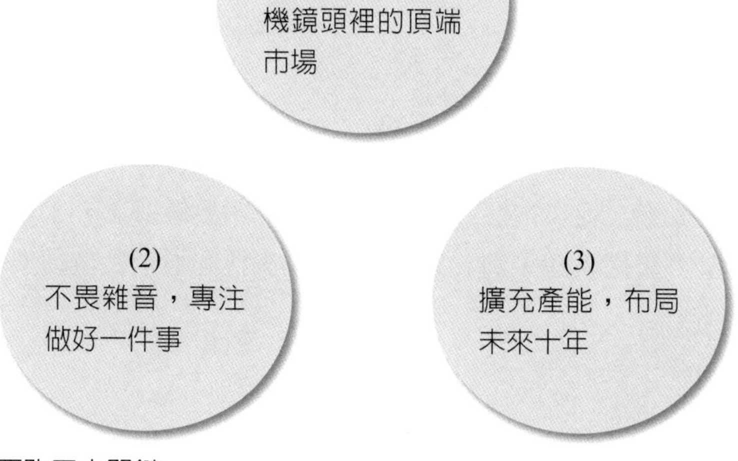

大立光：不敗三大關鍵

個案 9　臺灣麥當勞：成功的祕訣

一、麥當勞：轉手賣給臺灣本土企業

麥當勞是全球最大速食餐廳品牌，在全球超過 100 個國家，有近 3.6 萬家門市店，臺灣則有 400 家。

在 2017 年，臺灣麥當勞以 51 億臺幣，賣給本土企業的李昌霖，由他取得臺灣麥當勞二十年特許經營權。李昌霖是仰德集團創辦人許金德的外孫，仰德旗下企業計有：士林電機、新竹貨運、國賓飯店、士林開發等；李昌霖現爲國賓飯店總經理及士林開發董事長，並任臺灣麥當勞董事長。

臺灣麥當勞 2022 年度營收爲 160 億元，是第二大速食品牌摩斯漢堡公司的五倍之多，遙遙領先，近幾年來，臺灣麥當勞每年營收及獲利仍持續成長。

臺灣麥當勞爲何能夠突破極限再成長？主要有下列幾項作爲。

二、店內裝潢再升級

全球麥當勞於 2017 年起，推動「未來體驗」（EOTF, Experience of The Future），意思就是把店內的裝潢、服務、環境、數位全面再升級，給顧客更美好體驗。

目前，臺灣麥當勞已有近 100 家改裝爲「麥當勞 2.0 餐廳」，門市業績較未改裝門市，平均高出 6%。

三、全方位數位服務

臺灣麥當勞五年前仍非現金不收，跟不上數位腳步；李昌霖接手後就砸重金，建構全方位數位服務；從 (1) 發行「點點卡」，(2) 開放信用卡，(3) 四大票證支付，及 (4) 推出麥當勞報報 APP，到 (5) 上架自動點餐機等五項數位轉型，三年內一次到位。

四、做更多的在地化

臺灣麥當勞的升級並不等於高高在上，反而是融入更多在地化元素，李昌霖深知，跨國品牌想要直通人心，必須更接地氣，最明顯的是，三年來麥當勞大力推動食材在地採購。在地蔬果的占比已從 50% 提高到 60%。另外在電視廣告方面，也找到世界羽球好手戴資穎拍廣告做代言人。

五、更重視食品安全

李昌霖董事長進麥當勞之後，就問負責採購人員的事，不是採購流程，也非降低成本，而是如何管控食品安全。爲此，李晶霖還要求行銷部門，如何拍出一支好的管控食安的電視廣告片，並投入電視廣告播放預算，大舉宣傳臺灣麥當勞如何重視食安的作法及建立深刻品牌印象，爭取顧客高度的理解及認同。

六、提高客單價

李昌霖接手後，即指示應推出高單價系列產品，半年後即推出「松露蕈菇安格斯黑牛堡」，單點要價 129 元，幾乎可買二個大麥克。再推出全新產品「酪梨安格斯黑牛堡」，這是臺灣麥當勞史上最貴的產品。這些系列稱爲「Signature 極選系列」，此舉兩年來，每十個消費者就有一位點選，成功把平均客單價從五年前的 120 元，拉高到 140 元；目前極選系列已占營收一成，算是推出成功。

七、加快決策速度

李昌霖董事長表示：「目前專心於做決策，臺灣麥當勞規模比較大，因此決策速度必須很快。他在國賓大飯店做總經理時，因規模不大，故常靠直覺做決策；但到了麥當勞，則要靠各種數據下判斷。我接手臺灣麥當勞後，將過去二十年經營國賓飯店的經驗，拿來升級麥當勞速食店，包括菜單、店面、服務、及數位化的全面升級。」

八、結語（未來業績成長目標）

李昌霖董事長在 2022 年訂出未來五年，每年業績成長 6%～8% 的積極目標，作爲全體員工努力的目標。高價位的極選系列產品及未來體驗餐廳能否支撐未來五年的成長，讓臺灣麥當勞成功「消費升級」，值得大家拭目以待。

問・題・研・討

1. 請討論臺灣麥當勞經營權異動的情況如何？
2. 請討論臺灣麥當勞總公司推動的 EOTF 為何？
3. 請討論臺灣麥當勞做了哪些全方位數位服務？
4. 請討論臺灣麥當勞做了哪些在地化、食品安全、提高客單價的作法？
5. 請討論李昌霖董事長個人決策方式有何改變？
6. 請討論臺灣麥當勞未來五年的業績成長目標為何？
7. 總結來說，從此個案中，您學到了什麼？

臺灣麥當勞：成功的六項作法

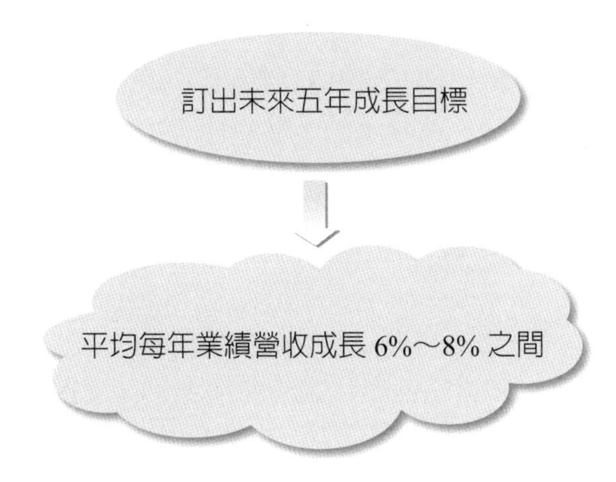

臺灣麥當勞：訂出成長目標

 個案 10　台積電：技術領先的常勝軍

一、卓越經營績效

台積電是全球最大的晶圓代工廠，2022 年度營收突破 1.5 兆元歷史新高，其績效指標如下：

- 獲利：3,600 億元
- EPS：13.3 元
- 股價：490 元
- 公司市值：突破 10 兆元

二、成功的最關鍵因素

台積電迄今最成功的關鍵因素，就是領先競爭對手三星及英特爾的高端製程技術及技術創新。股神巴菲特曾提出「護城河理論」，認爲企業競爭優勢應該像護城河一樣，爲企業提供長久保障，而「尖端先進製程」正是台積電護城河。

2020～2021 年，台積電投入在五奈米及三奈米的研發及設廠資本支出，高達 150 億美元之多。台積電領先的技術，成爲蘋果及華爲選擇合作的對象。

三、三大優勢

台積電長期以來擁有三大優勢，一是，技術領先，它擁有獨步全球的先進製程；二是，它的生產良率高且穩定；三是，優秀的研發人才團隊。因此，在全球晶圓代工價格上，就比競爭對手高出許多，也使台積電的毛利率及獲利率拉高很大。

四、了解客戶需求及市場趨勢

台積電在年報中描述，他們每年都會持續評量與調查客戶，進一步了解其需求，作爲後續調整服務參考，以強化與客戶間的夥伴關係。台積電像是客戶的市場趨勢顧問。

台積電能夠位處產業制高點，透過與不同上下游討論，掌握各產業發展趨

勢，全方位了解市場未來動態，才能進行未來客戶與技術策略的布局。台積電秉持著技術持續領先，並與客戶一起成長。

台積電最先進的三奈米已在 2022 年底進入量產，專注於先進製程的研發腳步，不會止息！

五、赴美國、日本當地，設立製造工廠

台積電獲美國政府邀請，於 2020 年赴美國亞利桑納州設立先進五奈米工廠，並於 2022 年 12 月舉行移機典禮，美國總統拜登也親自出席典禮。台積電表示，2025 年將在當地建立更先進三奈米工廠；此外，並派遣 500 位臺灣工程師赴美國當地製造廠協助生產技術工作，此舉引發台積電「去臺化」的疑慮。此外，台積電也在日本熊本縣建廠中，預計 2024 年使用。

問・題・研・討

1. 請討論台積電卓越經營績效為何？
2. 請討論台積電成功的最關鍵因素為何？
3. 請討論台積電的三大優勢為何？
4. 請討論台積電近三年移往哪二個國家當地設廠？為何如此做？
5. 總結來說，從此個案中，您學到了什麼？

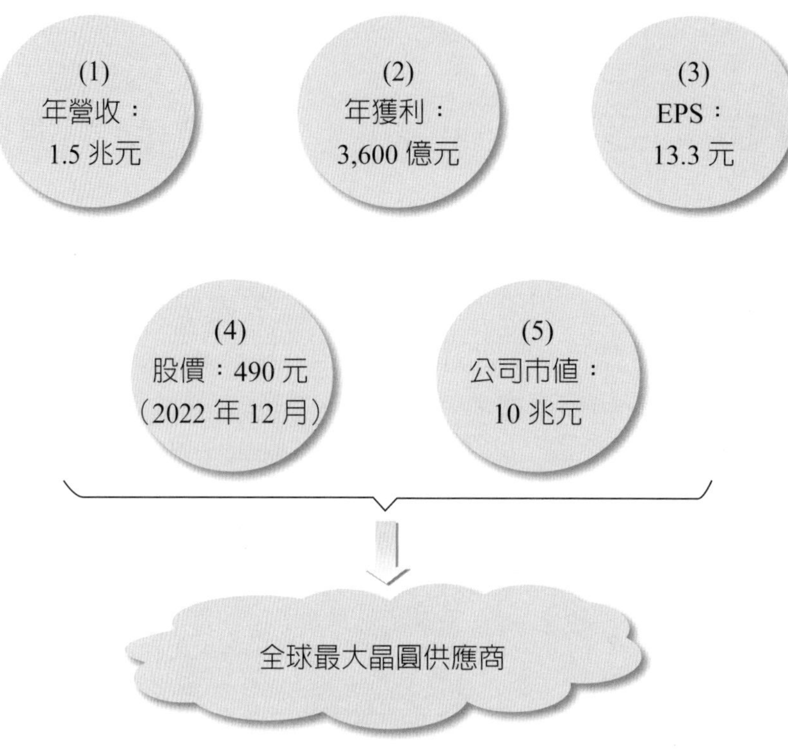

台積電：卓越經營績效

台積電：三大優勢

個案 11　義美：好食品的供應者

一、公司概況

義美是一家臺灣知名的食品飲料製造公司，創立於 1934 年。義美的經營理念是堅持不只是美味可口的食品，更是提供食品安全衛生的品質保證，致力成爲「好食品的供應者」，由於多次安度重大食安風暴而獲得消費者的好評。

義美生產上百種產品，包括：餅乾、甜點、蛋捲、禮盒、冰品、冷凍食品、乳品、豆漿、飲料等。

二、品牌足跡報告第一名

全球最大消費者行爲洞察研究機構「凱度消費者指數研究」發布邁入第八年的《2021 年品牌足跡報告》，義美品牌以高達九成的家庭普及率，6 度蟬聯臺灣民生消費市場的品牌冠軍寶座；其次爲：光泉、桂格、味全、統一、好市多等品牌。

在過去一年，有高達九成的臺灣家戶都購買過義美品牌，平均購買次數達 10.8 次，總計超過 8,300 萬次。挺過無數次食安風暴的義美，食品與飲料均表現不俗，推出新品滿足消費者的同時，仍兼顧對食品安全的堅持。

三、經營成功的三個堅持

〈堅持之 1〉便宜原料不能用

義美的堅持之一，就是太便宜的原料，絕對不用；即使多五成採購成本，也不用基改黃豆，這是該公司堅持用料品質的原則。

〈堅持之 2〉原料來源清楚

一項食品能不能讓人安心，原料是關鍵。一般食品廠在意的都是採購價格，而義美挑供應商最關心的是產地的品質及栽種者的信譽；同時，進貨也儘量找到最源頭生產商。例如：雞蛋不向蛋商買，直接向養雞場採購，而能合約契作的，就儘量契作。義美對原物料的要求比 CAS（優良農產品標章）還高。總之，義美對供應商仍會嚴格考核其品質及安全水準，以及它的往來客戶是誰。

〈堅持之 3〉即使產品賣相差，也不放防腐劑

當採購了品質符合理想的原料，如果生產過程無法堅持，亦會枉然，而儘量不放人工添加劑，以保持原汁原味，正是義美在製造食品時的最高原則。義美堅持即使賣相差，也不加防腐劑；消費者安心、安全說來簡單，但這是義美堅持原則而來。

四、三十多人的食品專業實驗室

有別於一般食品廠的檢驗室，多半只配置二、三名檢驗人員，但義美的實驗室就有三十多名的食品專業人才，更有多位是碩士以上的專家。此外，更投入數千萬元採買檢驗儀器，具有國際級的水準。

五、設立直營門市店

義美在十多年前，即決定發展直營門市店，迄 2022 年，全臺已有 125 家門市店，其中，超過一半設在臺北市及新北市。設立直營門市店最主要的目的，是希望打造自己行銷通路，並提升業績，以及讓數百項產品能夠陳列上架。

問・題・研・討

1. 請討論義美公司的概況為何？
2. 請討論義美公司的「品牌足跡報告」第幾名？
3. 請討論義美的三個堅持為何？
4. 請討論義美為何要設立直營門市店？
5. 總結來說，從此個案中，您學到了什麼？

(1) 堅持食安、堅持品質

(2) 企業形象良好，信譽良好

(3) 打造直營門市店銷售通路

(4) 設立三十多人檢驗室

(5) 產品多元化、品項齊全

義美：成功的五大要素

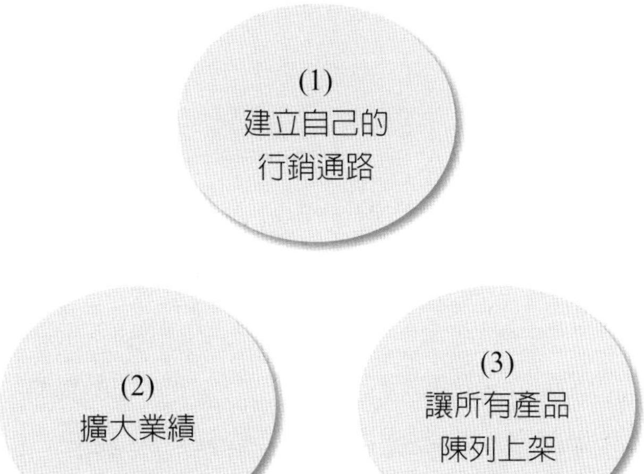

(1) 建立自己的行銷通路

(2) 擴大業績

(3) 讓所有產品陳列上架

義美：打造直營門市店的三大目的

個案 12　迪卡儂：全球最大運動用品量販店經營祕訣

一、公司簡介

1976 年從法國小村莊起家的迪卡儂，是一家未上市的家族企業，創立的宗旨是要讓消費者都能在店裡，以實惠的價格，找到各式運動用品。該公司目標即是致力於讓所有人都能享受運動的樂趣。

迪卡儂在全球擁有 1,900 多家直營門市店，2022 年度全球營收爲 4,400 億元，近五年平均成長率爲 36%；店內銷售的商品，從登山健行、跑步、游泳、單車、馬術用品等，運動種類高達 70 多種。

它在臺灣近五年營收從 15 億元，翻三倍到 50 億元之多，成爲臺灣營收最大的運動用品量販店通路王。

該公司在臺中總部的辦公室卻異常簡樸，這也反映出他們的 DNA，即把錢花在刀口上，不該花的錢絕不浪費，也幾乎不請明星代言打廣告。

二、迪卡儂營運模式

迪卡儂的營運模式，主要著重在設計及銷售，製造則委託外面的專業製造商，目前該企業有超過六成的產品，是與供應商一起共同開發的。

該公司永遠從使用者角度爲出發點，找出符合多數客戶喜好的商品，通常一個新品，從開發到上市，須歷時二年，品牌負責人必須進行市調，蒐集顧客意見。

迪卡儂的進貨訂單數量，是根據銷售狀況，每週一次透過系統自動向供應商下訂單，其目的在降低庫存量；大多數運動品牌皆是每季下單，庫存量較多，只有迪卡儂有條件週週下訂單，庫存量不會過多。

三、嚴格挑選供應商

迪卡儂挑選供應商相當嚴格，該公司也降低減少商品供應商的數目，讓彼此成爲「緊密的夥伴關係」；不只共同開發產品，就連供應商未來的設備、人員等投資，也能依照迪卡儂的需求規劃。做迪卡儂的生意，可以有長期穩定的訂單。

迪卡儂會定期替供應商打分數，除了品質外，是否超時加班，工廠有無符合綠能環保……都在評分項目裡，成績好的，一年只要考核一次，很不好的，每個月都來給你檢查也有。

門檻雖高，但迪卡儂做事公開透明，願意分享全球市場、環保趨勢及自家制度改良，甚至協助供應商生產管理，降低製造成本，這都吸引不少渴望進入國際市場的廠商。

四、須再精進的地方

迪卡儂也有值得再精進改良的地方：

一是，新品開發到上市須要二年時間，實在太久了，無法面對市場的快速變化，未來如何再加快一些，減少新品開發時間，將是努力的地方。

二是，在地開發新品，以符合當地需求，但當地生產數量不夠多，使成本降不下來，獲利受到影響，也是未來努力的方向。

五、關鍵成功因素

總結來說，迪卡儂的經營成功，主要有以下六點要素：

1. 迪卡儂賣場的坪數大，可容納品項多樣化，具有一站購足（One-Stop-Shopping）的優點，對消費者有好處。
2. 迪卡儂賣場商品品質夠好，值得信賴。
3. 迪卡儂賣場商品價位合理，不會太高，消費者可接受。
4. 迪卡儂與供應商雙方間，具有良好且密切的長期夥伴關係，有利供貨穩定。
5. 迪卡儂的行銷信念，永遠是以顧客需求及顧客滿意為中心點去做。
6. 這種運動用品大型量販店，在臺灣同類型競爭者尚不多見，競爭壓力可少些。

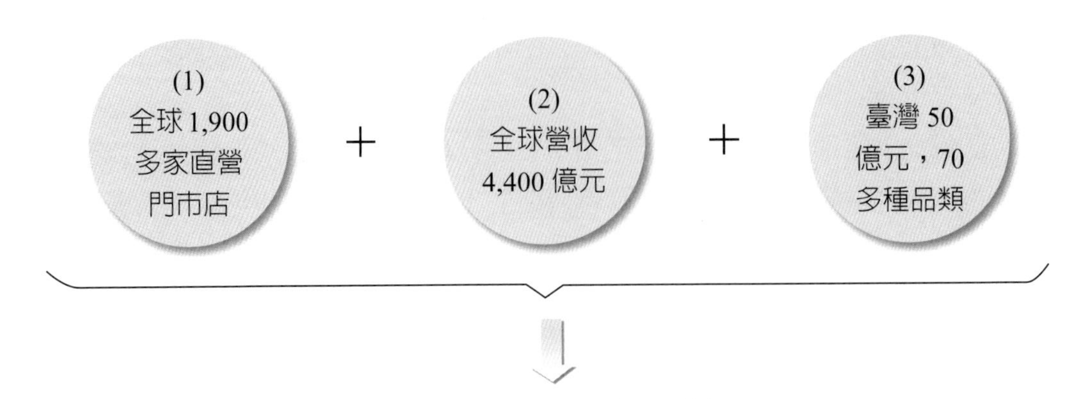

全球最大運動用品量販店通路王

迪卡儂：全球最大運動用品量販店經營祕訣

(1) 品類、品項多樣化，具一站購足便利性

(2) 商品品質夠好，值得信任

(3) 與供應商建立良好密切夥伴關係

(4) 商品價格不會太高，消費者可接受

(5) 以顧客需求及滿意為行銷中心點去做

(6) 同類競爭對手尚不多

迪卡儂：成功的六大要素

問・題・研・討

1. 請討論迪卡儂公司簡介。
2. 請討論迪卡儂公司的營運模式及如何嚴選供應商？
3. 請討論迪卡儂公司未來須再精進的地方。
4. 請討論迪卡儂成功的六大要素為何？
5. 總結來說，從此個案中，您學到了什麼？

個案 13　鼎泰豐：布局全球的麵食連鎖餐廳

一、公司簡介

鼎泰豐於 1958 年開設於臺北市信義路，在 1970 年代開始兼賣小籠包，逐漸發跡，終於成爲國內一家知名小籠包產銷爲主的連鎖餐廳。

除國內市場外，鼎泰豐 2022 年已在全球 11 個國家、148 個據點的國際餐廳名店，年營收額約爲 40 億元，國內則有 11 家門市店。

二、薪資比同業高

鼎泰豐董事長楊紀華始終認爲，要有快樂與滿足的員工，然後才有滿意的顧客，而員工的快樂與滿足，首要的指標，就是他們薪水的滿足。因此，楊董事長決定所有內場、外場員工的薪水 + 獎金一定要比同業高出二成以上；例如：外場服務員的起薪至少在 3.9 萬元以上，如果再加上累積獎金、紅利獎金、久任獎金等，月薪突破 5 萬元是經常的事情，比起外界同業的 3.5 萬元，高出很多。另外，像內場的料理廚師，起薪也從 5.1 萬元起，若升上最高職級的一級廚師，月薪近 8 萬元之多，也比業界高出甚多。而且，鼎泰豐每年都會依照年資及工作績效逐年調薪，整個鼎泰豐的人事成本占了全部總成本 50% 之高，比業界平均 40%，多出 10 個百分點。

由於鼎泰豐給員工高薪，因此，員工的流動率也低於業界很多，減少了在人力資源管理上的很多困擾，而且對形象上也帶來正面效果。

三、料理品質維持一致性

鼎泰豐要求全球每家分店不只是比好吃而已，他們比的是任何時間、任何地點作出來的品質，都要具備一致性，這就是他們追求「精確與高品質」的經營理念，並且貫輸到每一位員工的心裡。

鼎泰豐已建有 1,200 坪的中央廚房（後臺），然後到各餐廳（前臺），二者結合要全面的標準化品質才行，鼎泰豐員工追求的是「品質是生命，品牌是責任」的從業精神。

鼎泰豐料理品質的一致性也受到全球顧客的好評與正面口碑，不管是在臺北或在東京、上海、新加坡、美國等各地區，吃到的口味都是一致性的、美味的、高評價的。

四、四種管理會議，追求全員不斷的進步

針對鼎泰豐的內部管理機制，主要有四種型態的管理會議：

1. 第一個是「每日視訊會議」。每週一到週五，全臺 10 個分店與臺北總部進行視訊會議，主要是針對昨天的營運、現場狀況，討論有何改善意見，促進各分店經營管理水準的提升。
2. 第二個是「品質檢討會議」。每週一次，由全臺 10 店的前後廚與餐飲組成共同參與開會，主要針對該週的料理品質進行檢討與精進。
3. 第三個是「各部門主管會議」。每月一次，主要是臺北總部各部門主管報告這個月做了些什麼事，讓各分店店長知道如何配合。
4. 第四個是「全球發展會議」。主要是每年一次，由海外各國的高階管理代表回到臺北總部來開會，報告這一年來，海外各地的經營狀況與請求臺北協助的地方。

五、第一線員工努力把顧客變「常客」

在鼎泰豐非常強調要把一般客人變爲經常來的「常客」，因此第一線外場服務人員都必須熟記每位常客的習慣及喜好，讓客人有美好的體驗。

第一線員工，天天隨身都攜帶筆記本，裡面記載著每位常客的姓氏、特徵及喜好，形成一本完美的顧客關係管理手冊。

此外，每人每天都要寫工作日誌，寫下與客人的互動、工作心得、或是改善建議等，這些都會促進各分店、全公司的進步，邁向更好的鼎泰豐。

六、全球分店管理

鼎泰豐對於全球分店的管理，主要有幾種：

一是，每天全球各分店必須回報該分店昨天的業績額到臺北總部做彙整。

二是，臺北總部也會定期發布一些經營方針、管理辦法與作業制度給海外分

店，作為各分店標準化作業的遵循，以確保品質的一致性。

三是，臺北總部每年一次會派出前後廚主管、外場主管等到海外去巡店，以了解海外各店是否依照規定執行，並做一些技術與服務交流。

四是，每年 4 月海外各店高階主管必須回臺，參加全球各分店會議，相互報告及交流。

七、注重員工晉升發展

鼎泰豐非常重視每位內外場員工的晉升時程及職涯發展，讓每位員工都有向上升遷、加薪、晉級的機會，如此，好人才才會留得住。例如：外場人員的晉升路線是：見習專員、專員、高級專員、副組長、組長、副主任、主任、副理、經理等明確升遷職級及加薪金額。

問．題．研．討

1. 請討論鼎泰豐的員工薪資如何？
2. 請討論鼎泰豐如何維持料理品質的一致性？
3. 請討論鼎泰豐的四種常見會議類型為何？各有何目的？
4. 請討論鼎泰豐如何把顧客變常客？
5. 請討論鼎泰豐如何進行全球分店管理？
6. 請討論鼎泰豐如何重視員工晉升發展？
7. 總結來說，從此個案中，您學到了什麼？

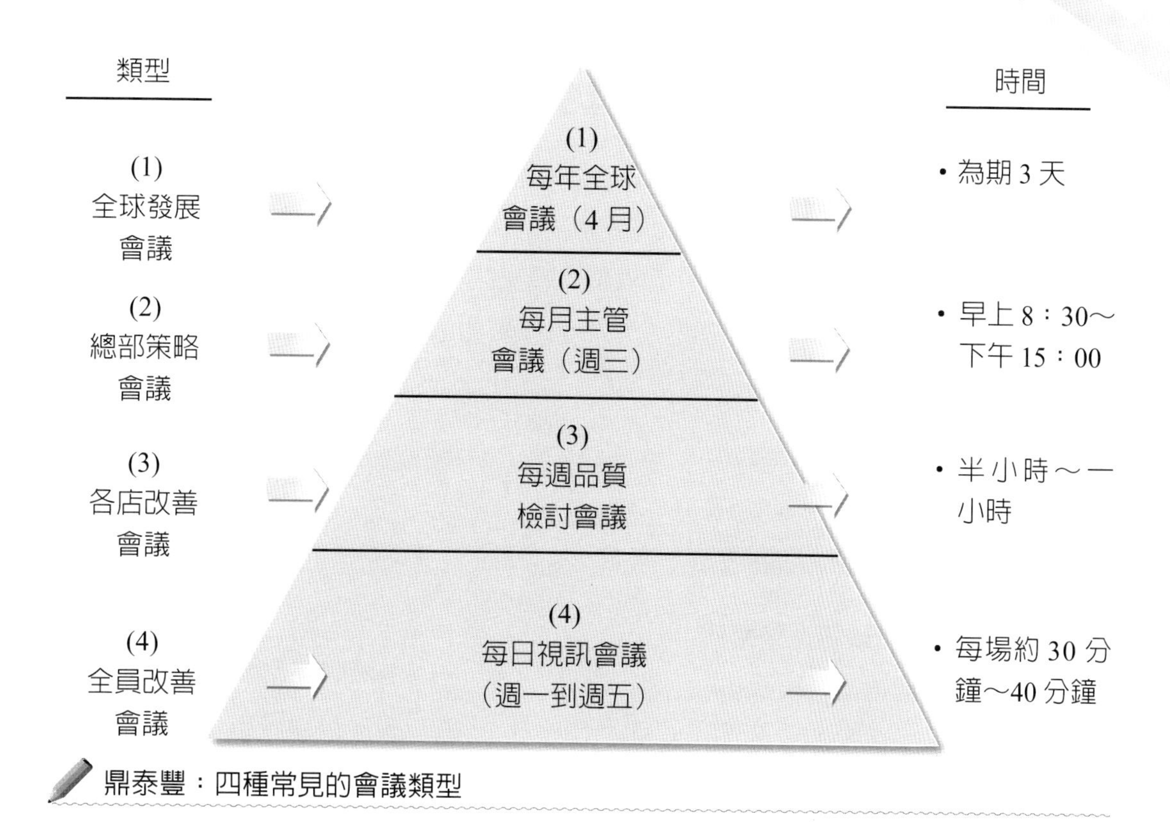

鼎泰豐：四種常見的會議類型

鼎泰豐：
獨特管理技術

↓

(1) 每天早上 2 小時全臺店長及主廚視訊會議
(2) 各分店定期巡查員巡查店營運

鼎泰豐：獨特管理技術

個案 14　繼光香香雞：從炸雞店到快休閒餐廳的經營策略

一、全球 328 店

知名的繼光香香雞，是從臺中市繼光街起家的，成立已有四十多年，目前，全球開設有 328 店，遍及臺灣、中國、香港、馬來西亞等國，年營收 11 億元，爲臺式炸雞大王，與另一家頂呱呱炸雞齊名。

二、三次進化

繼光香香雞於 1973 年開設第一家店。

1. 第一次轉型：連鎖店經營系統

1998 年，繼光香香雞展開連鎖標準化經營系統的建立，並建立後勤總部；2001 年導入企業識別體系及門市店 SOP 標準化制度，2007 年建立中央廚房，有助拓展連鎖經營。

2. 第二次轉型：拓展海外市場

繼光香香雞於 2010 年展開國際化布局拓展，首先在中國上海展店順利，到 2013 年又在香港、馬來西亞展店。目前，在中國展店數最多。

3. 第三次轉型：增加快休閒店型的多角化經營

2018 年，繼光香香雞開發多元化店型，在加拿大展開快休閒式餐廳經營，以有效打開美加市場。

三、中央廚房

繼光香香雞鑑於要加速連鎖化擴大經營，必須要建立中央廚房，於是在 2007 年投資數億元，打造一個速食爲主的中央廚房。該央廚具有五項特色：

1. 央廚無塵室，全程 18℃。
2. 產品標準化。
3. 高標準品管及檢驗。

4. 自有物流運送。
5. 定期研發會議。

四、多角化經營快休閒店型

2015 年，繼光香香雞發現外帶炸雞型店，在美加市場並不易開拓，於是帶隊赴美取經，經過多家分析比較後，看準流行於美加的快休閒餐廳模式，此模式介於速食及主題休閒餐廳之間。

它強調新鮮現做，快速出餐，但保有主題餐廳的品質及氣氛，而且增加蔬果健康元素。

繼光香香雞注入歡樂元素，在店內唱繼光香香雞之歌，也舉辦熱情服務競賽，展現有特色服務文化。

五、關鍵成功因素

繼光香香雞在海內外的成功，其主要關鍵因素有：

1. 高品質保障

嚴選在地食材，安心、安全，四十多年來，從無食安問題。

2. 建置中央廚房

花費數億元，打造一流的中央廚房，才能供應眾多的連鎖化經營店面原物料需求。

3. 教育訓練及服務成功

繼光總部有健全的教育訓練及服務競賽，有利於第一線顧客的良好印象。

4. 海外展店成功

繼光在中國、香港、馬來西亞均能展店成功，增加其營運版圖市場潛力。

5. 多角化店型

在美加地區多角化拓展快休閒餐廳，增加多角化店型的成長性。

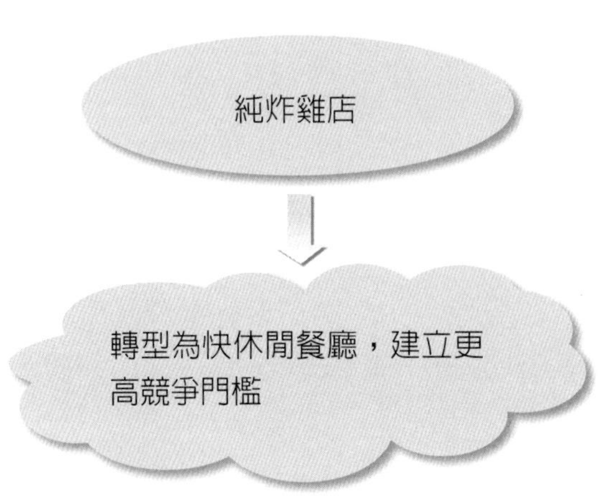

繼光炸雞：轉型為快休閒餐廳

繼光快休閒餐廳：快速 + 主題餐廳

問・題・研・討

1. 請討論繼光全球展店狀況如何？
2. 請討論繼光的三次進化內容為何？
3. 請討論繼光的中央廚房特色為何？
4. 請討論繼光為何要拓展快休閒餐廳店型？有何特色？
5. 請討論繼光的五項關鍵成功因素為何？
6. 總結來說，從此個案中，您學到了什麼？

個案 15　臺灣松下集團：成功經營的祕訣

一、經營理念：永不滿足！好，還要更好

臺灣松下 2022 年度營收達 360 億元，在商用及家用電器領域的市占率超過五成之高。

該公司董事長林淵傳表示：「今天講的事，明天會變，但這是秉持一個好還要更好的思維；照老樣子做，業績絕對不會好；沒有新東西、沒有進步、沒有預期對手會來攻擊你，絕對會失敗。所以，要隨時隨地都要有變革創新、挑戰，絕不能自我滿足。」

林董事長又表示：「企業經營要維持住長久的續航力，產品要有變化，強的要維持，弱的就要補強。在高市占率的產品領域，要繼續提升技術或外觀設計。」

二、整合成爲「臺灣松下銷售公司」

2020 年 4 月，臺灣松下公司把 B2C 家用及 B2B 商用電器的 4 家公司整合成爲單獨 1 家的「臺灣松下銷售公司」。

該公司認爲如果任由這些銷售管道個別發展，則成長較有限，因此，就透過整合在一起，可以滿足一站式購足，且有加乘的綜效，能拉升營收成長幅度。

這 4 家公司合計 700 人，如今已整編成爲 1 家公司，彼此可相互支援、交叉銷售、資訊與人員互通，達成更好的經營效益及組織再造。

三、近年來，臺灣松下的成就

在林董事長領導下的臺灣松下公司，近年來獲致如下的經營績效：

1. 2015 年：日本技術，臺灣同步。從技術引進、設計產品到上市銷售時間，從 2 年縮短到 2 個月。
2. 2017 年：日本松下集團改組，成立臺灣事業部，成爲日本松下集團全球 38 個事業部之一，升級成爲具有高度經營決策自主權，不必再事事請示日本松下集團公司的核准。
3. 2018 年：臺灣成爲日本松下全球小家電的營運中心，進一步提升臺灣松下的角色重要性。

4. 2019 年：因香港、菲律賓技術不足，先以技術支援協助它們空調冷氣研發、販售，成為全球空調冷氣營運中心。
5. 2020 年：新成立「臺灣松下銷售公司」為日本松下集團首個 B2B 及 B2C 市場交叉銷售試驗，成果將影響日本松下集團的其他事業部。

四、臺灣松下的成功因素

臺灣松下公司在臺灣已經有六十年之久，經營績效良好，在 B2C 部分，Panasonic（松下）品牌的電冰箱及洗衣機都位居市占率第一名；在 B2B 部分，很多商用設備也是市占率第一名。

總結，臺灣松下經營成功的關鍵因素，如下六項：

1. 擁有日系高知名品牌（Panasonic）與日系 SONY 並列為臺灣最受歡迎的二家家電品牌。
2. 擁有高品質的好印象、好口碑，歷久不衰。
3. 擁有不斷創新與進步的技術革新，確保技術領先。
4. Panasonic 每年投入近 2 億元電視廣告費，拉高品牌曝光度，維繫品牌信任度及忠誠度，並找來一線藝人做代言人，增強 Panasonic 品牌與廣大消費者的情感聯結。
5. 綿密銷售通路，方便消費者在哪裡都買得到 Panasonic 產品，包括家電 3C 連鎖店、綜合量販店、全臺家電行、百貨公司等均可見到它的銷售據點。
6. 臺灣松下在臺已經六十年，其「松下」品牌已是最早在臺灣的知名家電品牌，具有先發品牌的優勢點；其後，日本總公司全面改革為「Panasonic」全球一致品牌，一直到今天。

五、為顧客創造「更美好生活」

2022 年 11 月，為臺灣松下公司在臺灣成立 60 週年紀念日，該公司特別請知名廣告公司製作電視廣告片（TVCF），並投入 6,000 萬元電視播放費，其訴求主軸是：為全臺灣顧客創造「更美好生活」為終極努力目標。

臺灣松下：三項重要經營理念

(1) 擁有日系高知名度品牌好印象

(2) 擁有高品質信賴感

(3) 每年投入 2 億元電視廣告費，強力打造品牌忠誠度

(4) 建立綿密銷售通路，便利消費者購置

(5) 擁有與日本同步的技術革新力

(6) 具有最早的先發品牌優勢

臺灣松下：六項成功因素

問・題・研・討

1. 請討論臺灣松下公司的經營理念為何？
2. 請討論為何要整合成立「臺灣松下銷售公司」？
3. 請討論近年來，臺灣松下公司的經營成就為何？
4. 請討論臺灣松下公司經營成功的六大因素為何？
5. 請討論臺灣松下 60 年週年慶的電視廣告揭示該公司的終極目標為何？
6. 總結來說，從此個案中，您學到了什麼？有何心得、評論及觀點？

個案 16　寶雅：美妝百貨連鎖店的領航者

一、優良經營績效

寶雅年營收從 2012 年的 67 億元，快速成長到 2022 年度的 180 億元，2022 年獲利額達到 20 億元，獲利率爲 14%，EPS 爲 20 元之高，毛利率達 42%，ROE（股東權益報酬率）達 45%，市占率達 90%；目前有百貨類股王之稱。直營門市店也達到 280 間。

二、優勢與特色

寶雅平均店面坪數都超過 300 坪，品項數達 4 萬個，主力客群在 15 歲～55 歲女性。其特色有以下幾點：

1. 品項多，具有一站式購足特色。
2. 品項具有差異化及新奇商品的特色，跟一般美妝、藥妝店不同。
3. 坪數較大，空間大，逛起來有滿足感。
4. 在價格方面，亦具有高 CP 值的平價價格。

三、2019 年的二項新策略

寶雅在 2019 年，推出二項新策略：

一是，開設新的五金百貨品牌稱爲 POYA HOME，即「寶家」。主要是要搶攻全臺 600 億的五金百貨商機，目前此類店在全臺有 1,300 間店，但八成都是獨立店，寶家想以連鎖店搶奪此大餅。2022 年時，寶家已有 40 家店，從中南部做起，因中南部大店面較好找，寶家將與北部爲主的特力屋相對決。

二是，加速寶雅在大臺北都會區的展店。目前，寶雅在北部已有 100 家門市店，超過南部的 90 家門市店。寶雅一路從中南部快速推展到大臺北都會區及核心蛋黃區，爲的是拉升其品牌形象及廣告效益。

寶雅預估全臺可開到 440 家店，還有一倍的成長空間，預估 2029 年時，將可達此店數目標。

四、物流中心

寶雅目前在南北二區，已設有大規模的物流倉儲中心，足可以支援全臺 400 間店的規模，可說是爲未來做好了準備。其功能爲：降低物流成本並及時配送到店。

五、會員經營

寶雅目前辦卡會員已超過 600 萬會員，除了有紅利集點的行銷操作外，近期已推出「POYA PAY」的數位行動支付工具，朝數位化轉型。

六、優化產品組合，提高顧客體驗感，強化品牌忠誠度

寶雅在 2022 年揭示最新的未來五年目標計畫，包括下列四項：

1. 持續優化產品組合，加強引進顧客需要的好產品、優質產品。
2. 持續提高顧客更美好的顧客購物體驗感。
3. 持續強化全體消費者對寶雅的品牌信賴度及忠誠度。
4. 持續在全臺展店，預計十年內要開到 440 家目標。

問・題・研・討

1. 請討論寶雅的優良經營績效。
2. 請討論寶雅的特色及優勢為何？
3. 請討論寶雅在 2019 年的二項新策略為何？
4. 請討論寶雅的物流中心及會員經營。
5. 請討論寶雅在 2022 年所揭示的四項目標計畫為何？
6. 總結來說，從此個案中，您學到了什麼？

(1)
年營收：
180 億元

(2)
• 年獲利：20 億元
• 獲利率：14%

(3)
EPS：
20 元

(4)
ROE：
45%

(5)
市占率：
90%

(6)
直營門市店：
280 間

寶雅：優良經營績效（2022 年度）

(1)
品項多，具有一站購足特色

(2)
商品具新奇性及差異性

(3)
每店空間坪數大，有滿足感

(4)
因具規模經濟，故價格平價

寶雅：特色與優勢

個案 17　NET：本土服飾第一品牌的致勝策略

一、臺北旗艦店開幕

臺北忠孝東路四段永福樓舊址，轉租給 NET 服飾，作爲臺北旗艦店，成爲臺北最大門市店，並於 2019 年 5 月開幕。NET 公司與該房東簽十二年合約，每月 320 萬元租金。

NET 爲何要租此處作爲臺北旗艦店，主因有幾點：

1. 該處爲臺北東區商圈具代表性的地標之一。
2. 交通便利，方便集客。
3. 面積坪數夠大，可陳列更多、更豐富款式。
4. 戶外看板可做廣告宣傳之用。

二、商品與價格策略

NET 公司認爲商品與價格，是競爭的不二法門。

NET 的商品策略，是做出讓顧客每天都想穿的衣服；NET 的品項從休閒服飾、都會風格男女裝，陸續拓展到兒童裝、鞋包配件、家居服等，滿足顧客一站購足的消費需求。每季，NET 有高達二千種款式上架更新。

在定價策略，NET 的平均單價落在 300 元～400 元之間的低價，用高 CP 值緊拴住家庭及小資上班族的需求心理。

三、成功四大關鍵要因

NET 公司歸納出它們能夠致勝的四大要因，如下：

1. 全客層定位。
2. 商品款式豐富多元。
3. 價格低價實惠。
4. 全臺快速展店。

四、市場靈敏度

該公司董事長黃文貞先生，經常走在第一線觀察競爭對手推出的樣式及風格市場接受度，以保持自己對市場靈敏度及學習心態。

五、通路策略

NET 公司的通路策略，主要表現在下列幾點：

1. 遍地開發策略

NET 在全臺一、二、三線城市，以及北、中、南部平均設立據點，便利消費者選購。

目前，全臺 150 家店，年營收達 82 億元，員工總計 3,050 人。

2. 關小店、開大店策略

NET 經過多年經驗，發現開大店的效益比小店更好，因此最近幾年來，均改採「關小店，開大店」的拓店策略。

3. 簽長約策略

爲長期占有市場及穩住房租，NET 均採十年以上的租約策略。

總之，NET 未來仍看好臺灣內需市場，將持續拓店策略。

六、啟用物流中心

2019 年，NET 正式啟用它在中部雲林的大型倉儲物流中心，面積約七千坪，可滿足全臺 150 店的物流配送需求。

七、發展電商

2019 年 8 月，NET 正式經營電商品牌，品牌稱爲 NUV（即 New Value），定位在全客層服飾電商，主力購買層在 25 歲～45 歲的年輕及壯年客層，目前有穩定的業績；亦可做到虛實整合（OMO）的目標。

八、公益策略

NET 公司每年捐助全臺家扶中心愛心提貨券，舉辦門市封館贈衣活動，讓弱勢家庭能穿新衣過年；目前至少已累計 100 多場，贊助投入 1 億元以上。

問・題・研・討

1. 請討論 NET 為何選臺北東區為其旗艦店位址？
2. 請討論 NET 的商品及價格策略為何？
3. 請討論 NET 的成功四大關鍵要因為何？
4. 請討論 NET 的三大通路策略為何？
5. 請討論 NET 的電商及公益策略為何？
6. 總結來說，從此個案中，您學到了什麼？

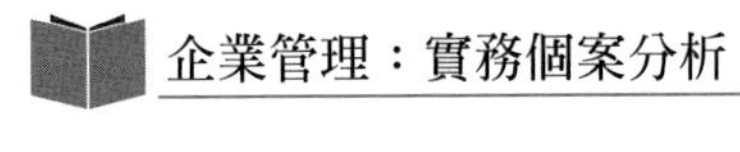

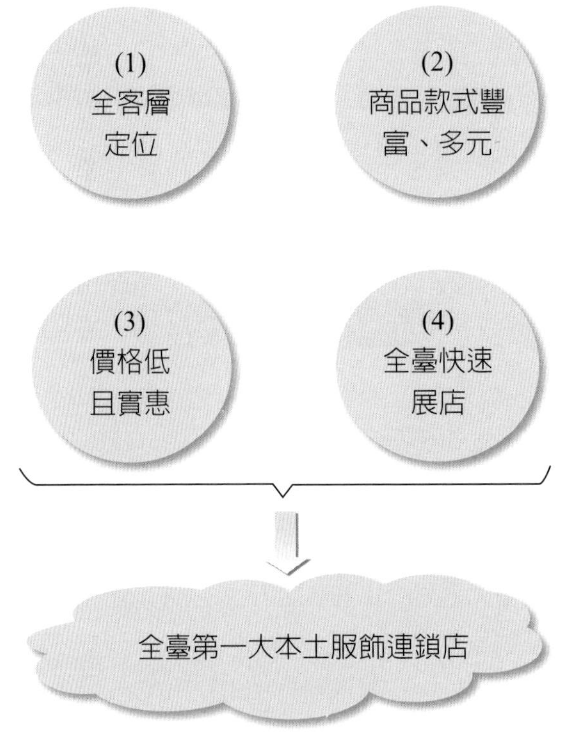

NET：成功的四大關鍵要因

NET：成功的通路策略三點

個案18　World Gym：臺灣健身俱樂部第一品牌經營祕訣

一、公司概況

World Gym 在臺灣深耕二十年，如今約有 92 家店及 45 萬會員，年營收達 62 億臺幣，不論是會員數、據點數，都超出同業第二大的健身工廠（柏文公司）一倍之多。

World Gym 是香港商，2000 年時首度進入臺灣市場，目前採月繳形式進入市場，月繳方式使消費者比較輕鬆、無負擔。

二、重視員工訓練

World Gym 從教練、業務客服，到清潔人員，都有一套訓練課程；為達成有效管理，員工訓練必須經過線上課程、總部訓練及現場實際演練等三階段。

第一步要完成線上課程，健身範圍廣，包括飲食、生活等；接著到總公司二週時間，了解健身流程；再回到現場第一線，跟有經驗的教練學習。該公司在五年前，於臺中設立專門的教育訓練中心。

目前 World Gym 員工有 8,000 人之多，平均年齡在 28 歲～35 歲之間，這些標準化訓練及管理，都增加了服務及品質的穩定性。

三、成本固定

健身運動行業吸引人的地方，就是成本固定，不論多少會員加入，健身中心的固定成本都一樣，主要是員工薪水、水電瓦斯及租金占最多。

標準型 World Gym 平均開一家店的成本，約為 300 萬美元，大概招募 3,000 名會員即能打平維持成本；但目前 World Gym 平均一家店都有 5,000 名～6,000 名會員之多，早已超過損益平衡點，來一個即賺一個。

World Gym 的策略，是儘量設在都會區，以及交通便利、有停車場的地點設立開店；而且盡可能增加會員數，發揮規模經濟效益，以年增超過 10 家店速度快速展店。

四、未來仍有成長空間

相較於歐美健身市場的滲透率高達 10%～20%，臺灣的滲透率只有 3% 而已，還有很大成長空間，未來三年計畫 IPO 上市櫃。

對想走全年齡客層，以及想跨出臺灣版圖的 World Gym，如何增加 55 歲以上客群，以及快速複製臺灣成功經驗到海外，是未來的挑戰。

五、多品牌營運

近二年，World Gym 陸續推出二個品牌：

一是，Express 新型態健身中心，縮減樓層面積與器材，以降低月費。

二是，Fitzone 以主打間歇性高強度運動，主攻高消費族群。

問・題・研・討

1. 請討論 World Gym 的公司概況如何？
2. 請討論 World Gym 如何重視教育訓練工作？
3. 請討論 World Gym 的每店損益平衡人數為多少？目前實際人員多少？
4. 請討論 World Gym 未來是否還有成長空間？
5. 請討論 World Gym 的多品牌策略為何？
6. 請討論 World Gym 的成功六大因素為何？
7. 總結來說，從此個案中，您學到了什麼？

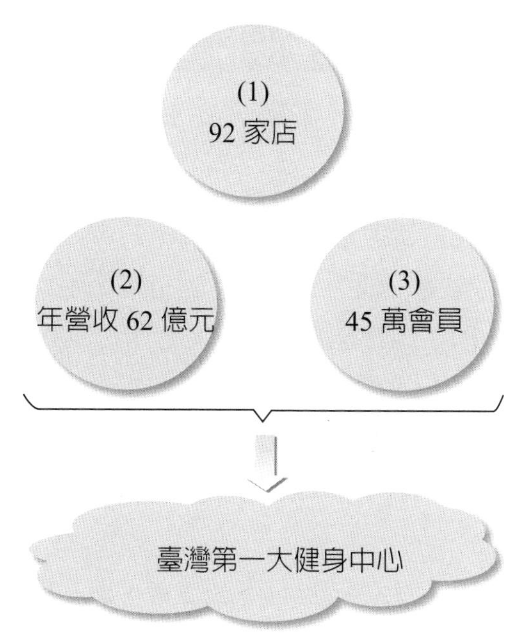

World Gym：公司現況

World Gym：成功的六大因素

 個案 19　美利達：電動自行車的崛起時代

一、電動自行車出口成長率上漲

2020 年 1～6 月，美利達營收成長率達 22%，其中，主要貢獻是電動自行車，銷量成長 1 倍，占營收比重達三成。美利達電動自行車平均出口單價爲傳統自行車 3～4 倍，使美利達過去平均出口單價 619 美元上升到 990 美元，成長率達 60%，這些得力於電動自行車的出口大幅成長所致。

2020 年 1～8 月，臺灣電動自行車出口總量爲 17.3 萬輛，其中，美利達就占 10.1 萬輛，占比超過一半；美利達可以說是臺灣電動自行車的最大製造與出口工廠。

美利達公司原爲國內第二大傳統自行車製造廠，僅次於巨大公司（捷安特）；但在 2010 年，美利達公司決定從代工廠，轉向到打造自有品牌，並定位在中高階高價位傳統自行車市場，經過奮鬥，美利達終於成功達成目標，在 2013～2015 年連續三年的獲利額都創下新高，成爲歐洲及美國知名的中高價位的傳統自行車品牌。

但 2016 年之後，臺灣面臨整個全球傳統自行車產業的嚴重衰退及訂單大幅減少危機，使臺灣自行車王國岌岌可危。臺灣整體傳統自行車出口量從 2015 年的 399 萬輛高峰衰退到 2017 年的 236 萬輛，衰退幅度達 30% 之鉅。

二、電動自行車救命之星出現

就在危機之際，高價電動自行車卻在歐美找到新市場，剛好可以補上傳統自行車的流失。

2015 年，德國原來做汽車零組件大廠的博世公司（BOSCH），此刻開始量產電動自行車的馬達及其相關動力系統，在品質及供應量均獲保證無問題。另外，臺灣整個供應鏈亦漸成熟，於是美利達決心再度擴廠投入電動自行車的生產製造；擴廠後，2020 年的電動自行車出口銷售量達到 10 萬輛之多，居全國之冠。電動自行車成本雖高，但因單價高，所以毛利率及獲利率都不錯，算是一個金雞母。

二年多來，美利達公司堅持採用德國 BOSCH 原廠及日本 SHIMAND 原廠的高

階馬達及動力系統零組件，以達到穩定及高品質的訴求目標及高價位的定位特色。

三、電動車的必然趨勢

目前，臺灣及全球各國都在投入電動機車及電動汽車的研發及已經開始製造銷售；像臺灣的電動機車已有 Gogoro 及光陽自動機車等二個品牌已上市銷售。

電動自行車使臺灣傳統自行車從繁榮到衰退之後，又跑出另一個嶄新的生命出路與活動。美利達公司將乘勝追擊，再創另一個營運新高峰。

問・題・研・討

1. 請討論傳統自行車面臨何種狀況？如何突圍？
2. 請討論美利達用哪裡的電動自行車馬達系統？
3. 請討論美利達定位電動自行車為何？
4. 總結來說，從此個案中，您學到了什麼？

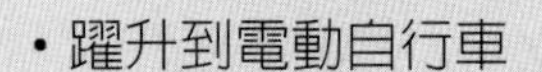

- 躍升到電動自行車
- 提高平均單價

從傳統自行車

美利達：靠電動自行車突圍

電動自行車

- 堅持高品質
- 堅持高價的定位策略

美利達：堅持走高價的定位策略

個案 20　大成：農畜帝國經營學

一、公司簡介

在臺灣，每三隻白肉雞，就有一隻吃大成飼料；每四隻白肉雞，就有一隻是大成電宰的，蛋品市占率達 7%，這些都是大成占據龍頭的領域。

六十多年前，大成創立於 1957 年，在臺南成立豆油、豆餅加工廠，如今已是橫跨臺灣、中國大陸、印尼、越南、馬來西亞、柬埔寨及緬甸等國，擁有 100 多家子公司的跨國集團，2022 年度營收額達 800 億元，獲利額為 34 億元，獲利率為 4.2%。

大成事業範圍包括：油品、麵粉、飼料、肉品、蛋、加工食品及餐飲商場等。

二、中國事業：不衝營收額，以獲利為優先

2022 年大成營收額 800 億元，比 2014 年高峰期的 900 億元少，但獲利卻創新高，其中一個關鍵，就是放棄中國市場不賺錢的生產線。

原來，中國的雞隻價格起伏不定，又碰上中國吃藥的速成雞事件與禽流感，消費者信心低，使價格也低迷；因此，大成決定縮小在中國市場的規模，2015 年將電宰量縮減 40% 之多，從七條肉雞垂直整合產線整合成四條；並逐步提高飲料及食品的占比，改善公司獲利。

三、早一步搶入海外市場

2020 年，大成的海外事業體營收占比為 51%，超過一半，這是臺灣食品原料產業中，少數橫跨海外市場的企業。

早在 1980 年代，大成派人到東南亞考察，發現當地農畜產業飼養技術水準低，這對大成是很好的切入點。1989 年，大成與印尼企業合資公司開始，逐步擴展到馬來西亞、越南及緬甸。

在拓展東南亞同時，大成也看到中國改革開放後的市場前景看好；因此，大成也決定進軍中國廣大市場。

四、營運哲學

大成集團的勞動哲學，董事長韓家宇表示：「一言以蔽之，就是要與時俱進！因爲，世界在急速、巨大改變，若不能與時俱進，就會被淘汰。」

五、從五個領域賺錢

韓家宇董事長表示，過去三十多年來，大成集團的快速成長，主要就是掌握了五種財，如下：

1. 機會財

2008 年全球金融海嘯後，大宗物資大跌，大成卻大舉買進，到隔年大宗物資卻大漲，大成卻獲利創下新高，這就是機會財。

2. 管理財

2005 年，大成就導入 ERP 及 SAP 資訊系統，高階主管從電腦及手機中，就可以即時查看及掌握公司三十多個部門的每日營收、獲利及產銷數據；可以及時面對各種快速決策及調整營運策略，這就是提升了管理水準。

3. 技術財

在臺南大成總部，品檢中心內，買進數百萬的設備，從營養成分原料、病毒細菌、化學殘留等都一一把關；更成立美味實驗室，要用科學方式找出美味元素。

4. 通路財

大成的蛋品，都是靠自己車隊去配送的，已成爲全臺最大的蛋品物流通路車輛。此外，大成也正嘗試設立販售肉品及冷凍食品的直營門市店，稱爲「安心購」。

5. 品牌財

目前，大成所推出的各種冷凍食品，即是要打響自身的品牌資產，往下游終極市場前進；目前最有名的就是「大成雞塊」品牌。

六、用心把關食安

大成認爲食品安全不是一句口號，而是建立完整的溯源系統，進行從採購、生產管理到終端產品的品質檢驗保證；大成品檢中心擁有全臺業界首屈一指的檢驗設備。大成所屬工廠均通過 ISO-22000 與 HACCP 國際品質認證。

七、技術研發

大成集團以先進的生物科技技術，持續進行家禽、家畜及漁牧產業有關育種、營養、配方、疫苗等研發作業，並推出領先的生技產品，使禽畜及魚蝦能更有效的健康成長，目前更積極朝向人的營養領域發展。

八、獲利創新高原因

2022 年大成獲利的二大原因爲：

1. 中國事業加強整頓，不賺錢的生產線就收起來，因此，營收及獲利有大幅進步。
2. 臺灣市場表現很好，營收及獲利大幅增加。尤其在食品事業，因爲食品毛利率較高，目前大成的食品在市場上供不應求。

九、品牌及通路是未來發展方向

大成是從沙拉油、麵粉起家，發展到農畜產業，都是利潤不高的產業，但只要能把品牌做好，利潤是很高的。過去幾次食安事件，大成都安然無事，因此大成的食品有打出品牌的潛力。所以，大成必要與時俱進，尤其品牌及通路是重要的未來發展方向。

大成在臺灣白肉雞一條龍生產，擁有成本優勢，因此產品價格更實惠，而產生在團購「愛合購」的冠軍產品「黃金脆皮雞腿排」；另外像「舒迷雞胸肉」產品賣得也很好。

大成已在嘉義縣建立一個臺灣最大規模的食品加工廠，占地八千多坪，主要生產雞肉及豬肉加工食品，投產後每月有 2,500 噸產品，年營收可達 40 億元。

十、海外發展，找當地夥伴最重要

大成集團韓董事長認為臺灣企業往海外發展，最重要的是必須有夥伴。大成最初去印尼，就是與當地的金輪集團成立合資公司；到越南開拓，也是跟當地養雞大王合作；在緬甸做飼料及白肉雞，也是與當地企業合組公司。

十一、大成多元化、多角化產品與品牌

大成集團橫跨農畜食品，產品非常多元化、多角化，如下：

1. 動物營養：大成飼料、全能營養。
2. 油：大成大豆沙拉油。
3. 麵粉：國成麵粉。
4. 肉品：安心雞、桐德黑豬肉。
5. 食品：享點子、雞本享受。
6. 通路：安心巧廚、安心購。
7. 餐飲：勝博殿、檀島、岩島成、中一排骨。
8. 餐飲商場：好食城。
9. 蛋：大成雞蛋。

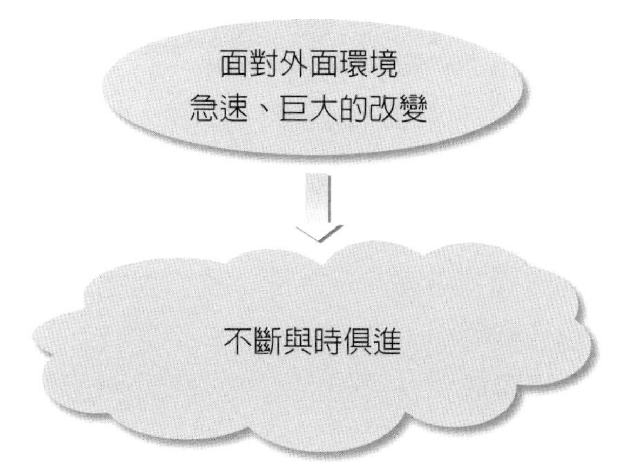

大成：營運哲學

大成：賺五種財

問・題・研・討

1. 請討論大成的公司簡介。
2. 請討論大成的中國事業發展有何改變？
3. 請討論大成海外市場的拓展狀況為何？為何要找海外當地夥伴？
4. 請討論大成賺哪五種財？
5. 請討論大成的品管與研發狀況如何？
6. 請討論大成為何要轉往品牌及通路發展？
7. 請討論大成有哪些產品及品牌？
8. 總結來說，從此個案中，您學到了什麼？

個案 21　牧德科技：PCB 光學檢測設備的龍頭廠商

一、公司概況

牧德科技公司於 1998 年成立，爲專業印刷電路板（PCB）檢測設備供應商。產品線主要是機械視覺系統整合光學、影像處理等科技，運用於自動光學檢測（AOI）。2022 年度營收額爲 28 億元，獲利額 4.2 億元，EPS 爲 21 元。

二、打造領先競爭對手的產品

汪光夏董事長認爲不能人家做什麼你就做；你要認清公司的優點，不要拿缺點跟人家打，要利用公司的技術優勢，做出別人無法取代的特色，變成有競爭力的新產品。

牧德公司的設備很貴，有的一台要四、五千萬元，但它的性價比比別人高出 10～20 倍，還是有人會買。所以，最重要的一件事，是你的 Solution（解決方案）是不是領先競爭對手；你在研發的時候，必須比對手高一個等級，才可能在市場裡擊敗他人。

三、建構「前無敵手，後無追兵」的堡壘

以營業額來講，牧德是市場龍頭，以先進設備的市占率來講，現在開出來的設備，都是市面上沒有的，所有設備開發的新方向及想法，都是牧德主導的。

亞洲是全球 PCB 生產重鎮，我們只做前 100 強的設備，客戶占 90% 以上，前 20 名的大廠，100% 都是我們的客戶。他們有新的製程或想法，找不到設備時，我們會幫他們開發，跟著客戶的產品一直往前走。

我們已經是領先者，後面一定有追兵，只能不斷推新，不是跟別人比賽，而是跟自己，如果自己沒有新東西出去，後面就有人追上來。

我們推出一代產品時，就已在製造下一代，一代產品推出三、五個月以後，下一代就已經準備好了。

因此，牧德的技術領先，應該有三部分：

一是，把自己的優點做出來。

二是，做出來的產品一定要領先競爭對手一個世代，否則落入殺價競爭，就賺不到錢。

三是，要專注、要深耕，我們只做 PCB 領域，才知道產業的下一步是什麼。我們不做包山包海，我們只要把自己的長處展現出來。

四、領導者謙卑、公司用心，員工就願意貢獻熱情與才能

夏董事長表示，不見得要把股東放第一，應把員工放第一，員工讓公司賺錢，股東也獲利，所以員工第一等於股東第一。

夏董事長認為，公司員工若願意付出、願意貢獻，公司自然就會成長。我們要怎麼超越別人，最大關鍵是團隊的向心力；整個公司是一個團隊，團隊同心，力量就會出來。

夏董事長認為，當員工看到公司對員工的大方付出與關懷，員工就願意回饋，這是正向循環，雙方都有很大的獲益。

五、關鍵成功因素

總結來說，牧德公司的關鍵成功因素，有以下五點：

1. 技術保持不斷領先。
2. 組織團隊同心，員工願意付出與貢獻。
3. 專注與深耕某些領域，不做包山包海。
4. 把員工擺在第一位，公司賺錢，要先回饋給員工。
5. 儘量發揮公司自己的長處、優點與強項。

(1)
把自己的優點做出來

(2)
做出來的產品一定要領先競爭對手一個世代

(3)
要專注、要深耕特定領域

牧德科技：技術領先的三個意涵

(1)
技術保持不斷領先

(2)
組織團隊同心，員工願意付出

(3)
專注與深耕某些領域

(4)
把員工擺在第一位

(5)
發揮公司自己的長處、優點與強項

牧德科技：成功的五大因素

問・題・研・討

1. 請討論牧德公司的概況為何？
2. 請討論牧德公司技術領先的三個意涵為何？
3. 請討論牧德公司成功的五大要素為何？
4. 總結來說，從此個案中，您學到了什麼？

 個案 22　山水畜產：全臺最大單一蛋廠

一、行業基本概況

臺灣人平均一年吃 300 顆蛋，全臺有 300 萬隻蛋雞，一年可生產 73 億顆蛋，年產值 200 億元，其中，山水畜產公司的蛋產量爲全臺最大，該公司位在屏東新埤鄉。

目前，市場上，高價蛋一顆 13～15 元，傳統雜牌蛋一顆 4～5 元，而山水畜產的蛋價，則採取中價位，一顆 7～10 元。

二、銷售通路

山水畜產公司成立於 2007 年，2009 年建廠，2011 年投產，2014 年正式轉虧爲盈。2013 年後，山水畜產的蛋品，陸續打進知名的大型通路，包括：

1. 連鎖餐廳：麥當勞、摩斯。
2. 連鎖超市：全聯（1,100 店）。
3. 連鎖便利商店：統一超商、全家。
4. 連鎖量販店：家樂福、大潤發。

山水畜產的通路策略，就是走自立開拓策略，不經過中間蛋商的把持，也可以提高獲利。自從進了上述知名通路後，該公司其他中小型訂單就源源不絕進來，生意愈來愈好。2022 年營收額已達 2.3 億元，預計 2025 年將再增加 30 萬隻蛋雞，年營收可望上升到 10 億元。

三、科技方法飼養，嚴控品質

山水畜產爲提高生產品質，用科技方法養雞；該公司聘請動物科系畢業的員工，同時找來國外專業飼養員編寫手冊。而且，蛋雞也住在全自動恆溫水簾雞舍，還聽莫扎特音樂，多管齊下，讓產蛋率上升到 95%。

該公司還引進全自動雞蛋洗選機，每小時能洗選 6 萬顆蛋，效率爲一般洗選場的十倍。另外，在精密儀器檢測下，山水畜產的每顆蛋重量差在 0.1 公克以內。

該公司用最嚴標準去做，每次有黑心蛋、食安事件爆發，山水畜產的業績反而

明顯上升。

四、布局未來，朝全蛋品多元發展

臺灣的家庭用蛋量大概已接近飽和，但業務用蛋量，則因烘焙業仍有成長，故該公司在桃園投資蓋液蛋廠，讓商品銷售更多樣化。

此外，未來還要往溫泉蛋、溏心蛋等各種加工蛋拓展。並與學術單位合作研究，找到更多蛋的附加價值。

山水畜產預計二、三年後，要申請股票上市櫃，以尋求未來更持續性的成長發展。

問・題・研・討

1. 請討論雞蛋的行業基本概況為何？
2. 請討論山水畜產的通路策略為何？
3. 請討論山水畜產公司的科技養雞方法。
4. 請討論山水畜產公司的未來發展布局如何？
5. 請討論山水畜產的成功四大要因為何？
6. 總結來說，從此個案中，您學到了什麼？

(1)
連鎖餐廳
（麥當勞、摩斯）

(2)
連鎖超市
（全聯）

(3)
連鎖便利商店
（統一超商、全家）

(4)
連鎖量販店
（家樂福、大潤發）

山水畜產：建立知名銷售通路

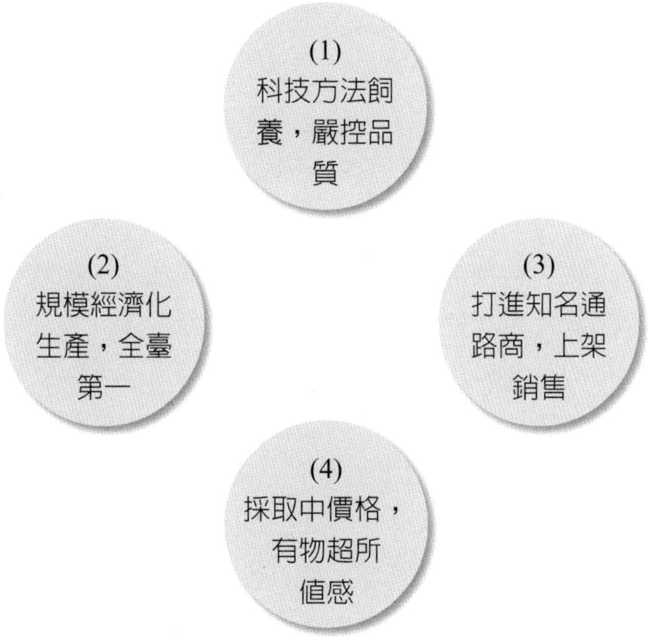

(1)
科技方法飼養，嚴控品質

(2)
規模經濟化生產，全臺第一

(3)
打進知名通路商，上架銷售

(4)
採取中價格，有物超所值感

山水畜產：成功的四大要因

 個案 23　大學眼科：成功經營的祕訣

一、經營績效佳

大學眼科（大學光學公司）創立於 1992 年，2022 年度營收爲 13 億元，稅前淨利 3.2 億元，獲利率達 25% 之高，目前爲上櫃公司，股價達 230 元。

大學眼科目前在臺灣眼科診所有 22 家，中國有 8 家，合計 30 家診所；另有 44 家眼鏡門市店及 5 家醫美診所，爲全臺最大眼科連鎖集團；營收占比方面，賣眼鏡收入占 30%，雷射手術收入占 30%，白內障手術收入占 40%。

大學眼科在 2020～2022 年全球新冠肺炎疫情期間，營收業績仍成長 30%，顯示該公司連鎖經營已經成功。

二、打造 SOP 標準化連鎖經營

大學眼科創辦人林丕容表示，過去大學眼科連鎖店經營缺乏標準化經營，內部管理各自爲政，無法達到規模經濟效益。

近十年來，大學眼科在軟硬體上，也建置各項數位化管理系統，同步各診所行政策管理及機台維修等，至今，已訂立上千項加盟 SOP（標準作業流程），方便未來能快速複製及展店。

另外，爲了讓醫護人員技術標準化，他們也拍攝各項手術教學影片，上傳到教學平臺，並設立導師制及委員會考核醫生手術。即便是資深醫師要站上最先進技術的白內障手術台，平均也要培訓半年到一年。

此外，大學眼科投入約 5% 人事預算於研究團隊，提供經費及研究員，支持醫師做研究，以使他們獲得成就感，同時也能了解最新醫學趨勢。

大學眼科在連鎖經營體系上，花了十年時間打底，如今已取得扎實的連鎖化經營祕訣與管理技能，才有看到營收及獲利的飛快成長。林丕容創辦人表示：「科技可能斷代、跳躍式的成長，但連鎖經營則是每天滴水穿石的不斷改善及不斷革新，才能成就與成功。」

三、未來成長布局

大學眼科不只在臺灣經營良好，在中國市場已有五年多經驗，目前聚焦在上海、寧波、蘇州等長三角地區，預計未來十年，到 2030 年時，中國將開出 100 家大學眼科連鎖店；臺灣則將開到 50 家連鎖店；到 2030 年時，兩岸將有 150 家連鎖店。

四、重視品質經營

醫療事業最重視的就是「品質」二個字，大學眼科已通過國際品質標準檢驗 ISO 9000，以及在雷射視力矯正亦獲得國家品質標準的認證。

五、經營口號

大學眼科的經營口號就是：「See Clear, See Confort, See the Future」；翻譯成中文，即是：「看得清楚、看得舒服、看到未來」。

六、關鍵成功因素

總結來說，大學眼科能夠成爲全臺最大眼科連鎖集團，主要成功要因如下：

1. 已建立現代化、連鎖化的 SOP 制度，便於未來的加速複製及展店。
2. 有一批優質的眼科醫師人才團隊，這是它的核心根基。
3. 確保醫療品質，贏得消費者好口碑及信賴度，並且散播出去，再帶入更多顧客。
4. 打造出「大學眼科」的良好品牌形象及品牌資產，品牌就代表了信任。
5. 中國市場巨大，成爲未來極大的成長空間，並支撐大學眼科的持續性經營成功！

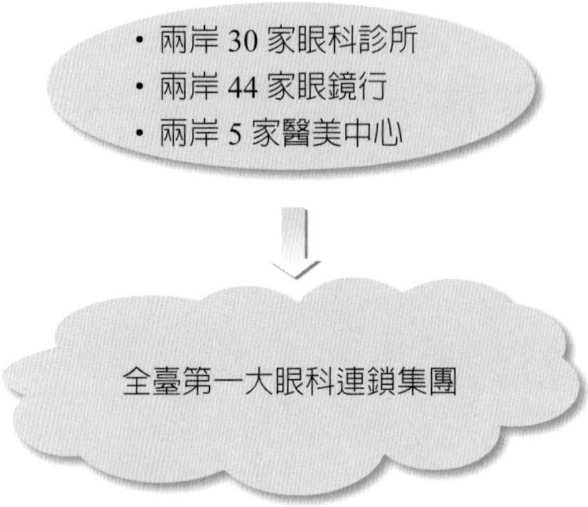

大學眼科：全臺第一大眼科連鎖集團

大學眼科：成功的五大因素

問・題・研・討

1. 請討論大學眼科的經營績效如何？
2. 請討論大學眼科如何 SOP 連鎖經營？
3. 請討論大學眼科未來兩岸如何成長布局？
4. 請討論大學眼科如何重視品質經營？經營口號為何？
5. 請討論大學眼科的關鍵成功因素為何？
6. 總結來說，從此個案中，您學到了什麼？

個案 24　丸莊醬油：百年醬油的經營祕訣

一、口耳相傳，建立丸莊好口碑

雲林丸莊醬油成立已有百年，丸莊這個品牌能夠歷久不衰，全仰賴顧客間口耳相傳所建立起來的好口碑。

丸莊第三代董事長莊英堯也很重視每位顧客的回饋意見，他更嚴格把關丸莊每項商品的品質。

二、黑豆 100% 臺灣契作，包裝與時俱進

莊英堯董事長強調：他一直以來的想法就是想做出好的東西，他要做的是眞食物，不會摻雜不明添加物，也不會偷工減料。

黑豆醬油最重要的原料就是黑豆，爲了掌握豆源，莊董事長放棄低價、供貨穩定但無法溯源的進口黑豆，轉而與農民合作，開啟丸莊契作黑豆之路。就目前價格來說，收購一公斤臺灣黑豆約 50、60 元，進口黑豆一公斤約 30 元。

但莊董事長認爲，與農民合作在臺灣種黑豆，從在地取得原料，種植、採收到運送到自家工廠的過程，就可以全程掌握，這樣比較安心。如今，在莊董事長堅持下，丸莊旗下黑豆醬油系列全部達成 100% 使用臺灣在地契作黑豆。

丸莊商品的包裝也是與時俱進，以前醬油都是裝在紅色或綠色透明瓶來賣，現在則是用透明瓶來裝。現今，丸莊還推出多款組合的精緻醬油禮品，兼具送禮之用。

三、通路據點

丸莊醬油的銷售通路，除了二家直營門市店外，還在國內大型超市、大賣場、網路上銷售，具有高度便利性。

四、成立臺灣第一座「醬油觀光工廠」

1988 年，丸莊因爲原有的廠房漸漸不敷使用，故將生產作業移往二崙新廠，

當時決定留一部分生產作業在西螺原地，同時，也讓民眾了解醬油的製作過程。

直到 2006 年，經濟部工業局開始鼓勵各行各業申請設立觀光工廠，丸莊便結合觀光及文化，成立臺灣首座「醬油觀光工廠」，將西螺老廠房轉型爲供遊客參觀。

五、做好，才有可能做大

莊英堯董事長一直認爲：「做好，才有可能做大；光做大，不見得能做好，所以不能因爲要做大，而失掉好。未來，丸莊仍然秉持要做出好醬油爲最高經營理念原則。」

六、關鍵成功因素

總結來看，百年丸莊的成功因素，計有下列六項：

1. 堅持好品質、好東西。
2. 口耳相傳，有好口碑。
3. 契作臺灣本土黑豆。
4. 打造第一座「醬油觀光工廠」。
5. 建立誠信企業形象。
6. 百年不敗的優良品牌。

問・題・研・討

1. 請討論丸莊醬油為何堅持 100% 契作臺灣黑豆？
2. 請討論丸莊公司董事長的最高經營理念原則為何？
3. 請討論丸莊醬油的六大關鍵成功因素為何？
4. 總結來說，從此個案中，您學到了什麼？

丸莊醬油的經營理念

- 先做好，才有可能做大
- 堅持做出好醬油

丸莊醬油：做好，才能做大

(1)
堅持好品質、好東西

(2)
口耳相傳，有好口碑

(3)
契作臺灣本土黑豆

(4)
建立誠信企業形象

(5)
百年不敗的優良品牌

(6)
打造第一座「醬油觀光工廠」

丸莊醬油：成功的六大因素

個案 25　Wstyle：女裝電商的黑馬

一、Wstyle 概述

Wstyle 創辦人周品均，過去曾經是女裝電商龍頭「東京著衣」的創辦人之一，後來因故被迫離開東京著衣；2016 年二度創業，開創電商女裝品牌 Wstyle，創下第一年就獲利的佳績，以及連續三年營收都成長的好成績。

二、從快時尚變成超快時尚

2016 年創辦 Wstyle，2020 年時年營收已突破 1 億元，一個小團隊可以破 1 億元的業績，關鍵就在於「速度」二個字。

「快、快、快！快時尚要變成超快時尚。」談到電商趨勢及經營心法時，周品均創辦人不斷強調「速度」。八成以上的服飾，從韓國一運送到臺灣當天就出貨。基本上，產品還在生產或運送的過程時，網路訂單就成交了，周轉率相當快。

大部分臺灣服飾電商同業是透過批發商，但 Wstyle 四年來，則在韓國開發了許多關係密切的工廠；直接向工廠採購，除了成本競爭力之外，也能更好地掌握供應鏈的速度及品質。

一般別家快時尚生產後，五到七天就要上架，但他們是超快時尚。能做到這樣，一方面是對於供應鏈的高度掌握，二方面是顧客的高黏著度。Wstyle 在韓國有專門配合的工廠、設計師、採購，剩下不到一成產品則來自臺灣及中國。

過去，東京著衣是薄利多銷的路線，現在，Wstyle 更要求品牌精神，客單價是東京著衣的三、四倍，約 3,000 元。

三、用臉書社團做行銷

Wstyle 的行銷，是運用臉書社團加上固定時段放送的直播內容，來穩定粉絲的活躍度；做到今天在直播上看到商品，只要下單，你明天就可以拿到貨、穿出門。

周品均表示，過去大家從官網、臉書粉絲團導入流量，但現在重點是在臉書社團，不像粉絲專頁還要投放廣告，觸及率可能僅 5%，現社團觸及率可達百分之百。

Wstyle 社團已有高達 20 萬人之多，已超越很多服飾電商的粉絲專頁按讚人數。且跟粉絲專頁被動接收訊息不同，大家在社團內部會眞正熱烈討論，且互相推薦、分享搭照，帶動買氣。

另外，過去二年，Wstyle 做直播內容，重點不僅是賣衣服，也設定職場穿搭、在家追劇穿搭等各種主題，不同身形、膚色怎麼穿等各種企劃。

四、與供應鏈共同成長

從顧客下單、工廠生產、出貨，Wstyle 加快整串供應鏈的速度，除了需要工廠在生產、配送速度可配合之下，在物流出貨上，不同於其他同業多承租倉庫、外包廠商外，Wstyle 全部自己做，才可以一到貨，當天就出貨。

和供應鏈經營好關係，長期穩定合作，才有一起成長的信任。

五、關鍵成功因素

總結來說，Wstyle 的成功因素有下列六點：

1. 速度快，超快時尚。
2. 有韓國配合良好的供應鏈。
3. 運用臉書社團的行銷操作成功。
4. 顧客有高黏著度及高信賴性。
5. 採取中高價位的質感策略。
6. 韓國服務品質及設計均不錯，產品力強。

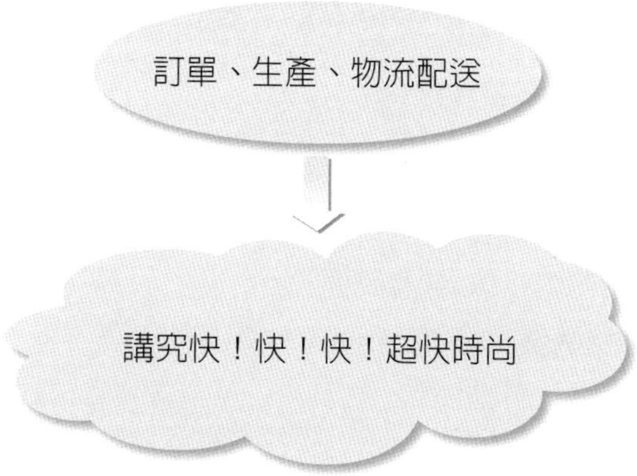

訂單、生產、物流配送

↓

講究快！快！快！超快時尚

Wstyle：速度快

(1)
速度快
超快時尚

(2)
韓國供應鏈
配合良好

(3)
臉書社團
行銷成功

(4)
顧客有高黏
著度及高信
賴度

(5)
韓國服務產
品力強

(6)
採取中高價位
質感策略

Wstyle：成功六大要因

問・題・研・討

1. 請討論 Wstyle 的超快時尚意涵為何？
2. 請討論 Wstyle 的臉書社團行銷操作為何？
3. 請討論 Wstyle 成功六大要因為何？
4. 總結來說，從此個案中，您學到了什麼？

個案 26　聯夏：調理包大王的經營祕訣

一、公司簡介

聯夏公司成立五十多年來，不斷研發最符合消費者與客戶需求的產品，並堅持爲品質把關，不斷革新研發技術，絕不添加防腐劑，以提供「美味、安全、幸福」好期許。

聯夏主要產品爲豆餡產品、調理食品，五成營收爲外銷收入，另五成則爲內銷收入，主要爲業務型用戶（B2B）。

聯夏公司不斷超越自己、不斷創新，爲臺灣調理食品界開出新標竿，達成永續經營目標。

二、國際認證與專注品質

聯夏公司不斷提升食品品質及衛生安全，給消費者「吃得放心又滿意」的保障。

聯夏公司取得國內外食品檢驗標準認證，包括：HACCP、ISO 22000、ISO 14001、FSSC 22000 等，聯夏公司的食安政策即是：「安全、高品質、值得信賴」。

聯夏在臺灣有三個工廠，均力行最高的食安政策。

三、六大多元化產品系列

聯夏公司歷經五十多年來，已發展出六大系列產品，如下：

1. 果凍布丁系列。
2. 澱粉製品系列（如：饅頭、麻糬、珍珠粉圓）。
3. 調理食品系列（如：調理包、米飯製品、粉製品）。
4. 餡料產品系列（如：各式餡料、果醬、有料沙拉）。
5. 麵醬系列。
6. 豆製品系列。

多元化的產品系列，足以滿足各種不同 B2B 客戶的需求。

四、經營理念：誠信、信用、負責

聯夏公司的經營理念，就在於「誠信」兩字，也是它立足在國內外市場最重要的資產。

聯夏能夠成功外銷，來自於企業的「誠信」與「負責」理念，它也非常重視「信用問題」，創立以來便深得客戶信賴，也一直將「信用」視為食品工廠最重要的資產。

另外，聯夏對國內外客戶的配合度也相當高，而且也高度重視食安的保證，特別是在日本及國內市場。

五、研發：快，是不敗關鍵

聯夏董事長林慧美表示：「聯夏獲得業務客戶的肯定，就在於快，是關鍵。我們的價值，就在於提供給業務客戶的創意及快速研發的能力，讓客戶付出合理成本與我們合作。」

相較於食品大廠每年研發成本約占總營收千分之三至五，聯夏則讓研發占百分之二到三的高比率。

林慧美董事長表示：「自己通常是客戶隨口一句話，或是自己逛超市、國際飲食展時靈光一閃，就把新點子送入公司研發中心，每年因此開發出近一千種大大小小的新品；所以，當客戶提出新需求時，往往聯夏就已經研發好等在那裡了。」

聯夏總會從客戶需求上，延伸出更多點子，所以經常會幫對方多想很多步，就當作是練兵。如此，確實替聯夏奠定研發實力的基礎，招來與各大品牌合作機會。

例如：合作十多年的國際咖啡龍頭，平均每年要推出十多款新產品，且往往採季節限定，因此供應商除了要有很強研發力外，還要願意為限定產品打造新產線，甚至添購新設備。

有人曾問林慧美董事長，如此不惜一切地過多研發投資，是否有些浪費？她表示：「研發就像使公司往前跑的汽油，汽油不加滿，怎會有力氣跑遠路？每個人打仗的方式必不相同，有時候肯為客戶多浪費些，最後獲得的收穫不一定會比較少。」

六、培養「從無到有」的能耐應戰

早在 1980 年代，聯夏公司從紅豆餡料出口轉切入調理食品市場時，就是因為合作多年的日本商社要來臺灣開咖哩連鎖餐廳，該公司從零開始，砸了 500 萬元引進全臺第一部德製旋轉式殺菌機，再向日本人學習如何製造咖哩醬料；此模式，讓這家老食品廠練出能快速「從無到有」的核心能耐，同時能高度滿足客戶「快又好」的需求。

七、切入銀髮族新市場

近幾年，林慧美董事長觀察到銀髮族設計調理正夯，便與馬偕醫院合作，一頭栽入銀髮醫療食品開發，研發適合老人吞嚥及多口味的軟質肉排，以及與日本技術合作的蒸豆產品，她相信，此市場早晚會到來。

問・題・研・討

1. 請討論聯夏食品的公司簡介。
2. 請討論聯夏食品通過哪些國際認證？目的為何？
3. 請討論聯夏食品有哪些多元化產品系列？
4. 請討論聯夏食品公司的經營理念為何？
5. 請討論聯夏食品公司的研發狀況如何？
6. 請討論聯夏培育從無到有的能耐應戰力。
7. 請討論聯夏將切入何種新市場？
8. 總結來說，從此個案中，您學到了什麼？

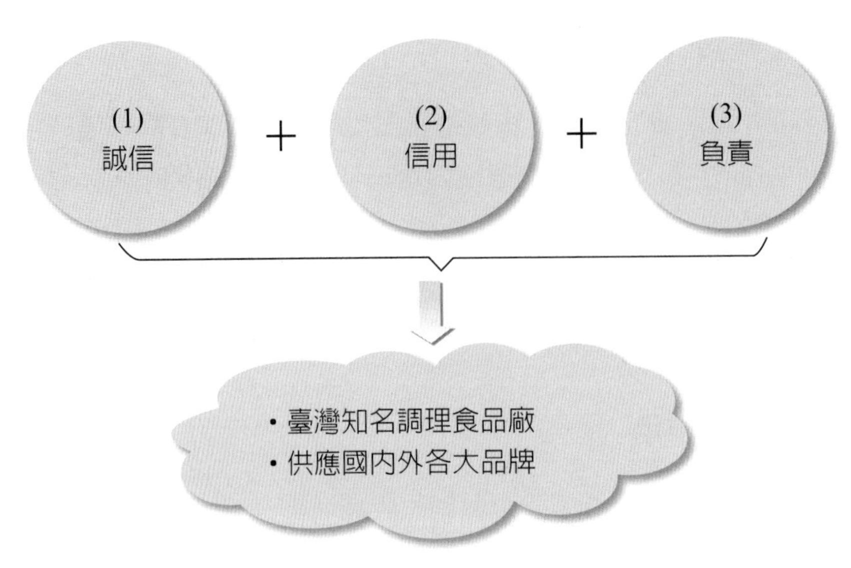

聯夏食品：三大經營理念

聯夏食品：強大研發四要點

個案 27　英利：汽車零組件王國的經營祕訣

一、公司概況

英利公司已成爲中國最大汽車集團——一汽大眾的最大供應商，也是中國高階車的零組件龍頭供應商；中國每四輛車就有一輛採用英利的零組件，賓士及 BMW 都是常客，去年在中國銷售 60 萬輛賓士，每一輛都有英利的零組件產品。2022 年度，英利的年營收突破 230 億臺幣，獲利額爲 14 億元，EPS 爲 12 元之高。

二、緊抓中國最大汽車集團爲客戶

英利工業公司能成爲中國高階車零件之王，一開始是靠市場先行優勢。

英利工業創立於 1991 年，設工廠於中國哈爾濱市。當時，成立不久的上海一汽大眾公司的機會終於到了。2001 年，英利自己開發塑料油管等沖壓件，品質穩定，價格又比國外供應商優惠，受到一汽大眾公司的信賴及訂單。從此後，英利短期供貨給一汽大眾旗下的大眾及 Audi 奧迪汽車品牌，還積極切入賓士、BWM 等供應鏈。

2008 年，英利自己開發出第一支汽車儀表板骨架，在 BMW 供應鏈站穩地位。

2012 年，爲了提升賓士汽車供應鏈位置，英利在中國天津設立工廠，每年供應賓士汽車 60 萬輛零組件。

英利公司生產的零組件良率也不斷提高，幾乎沒有被退貨的產品。

儘管已在中國高階車市占有一席之地，但英利從不滿足現況，因爲在中國競爭激烈的市場中，不進則退；英利公司林啟彬表示：「我們要一直投入，才能領先，也才不會陷入殺價競爭市場。」掌握供應鏈中的核心技術及工藝，就是英利公司近年的投資重點。

三、投資近億元，猛攻研發

2016 年，英利公司投資近 1 億元臺幣，設立在中國的研發中心，現在研發人員超過 170 多位，此顯示，英利在研發的投資領先同業。而且，英利公司還能在更早的開發階段，就與整車廠客戶共同開發設計。

而且，英利公司自己就能做汽車國際級的產品驗證，使客戶更信賴，也更能掌握出貨時間，過去整車廠從下單零組件到汽車上市約 3～5 年，現在則縮短 1～2 年，英利都能配合良好。

要與頂級車廠長期合作，主要有四個條件：

一是，具有長期穩定的品質。

二是，高度良好配合。

三是，快速解決客戶需求的服務意識。

四是，讓客戶長期信賴。

另外，英利公司也沒有缺席電動車市場，已投入電動車零組件開發，目前營收占比還不高，未來成長可期。

四、朝高附加價值邁進

如今，英利已掌握多項汽車零組件的核心技術，在國際車廠供應鏈地位也不斷提升。

林董事長表示：「未來要繼續向高附加價值及技術比較的領域投入研發；不求量的絕對增長，但求質的改變。未來仍將加強研發創新能量，才能持續領先同業。」

問・題・研・討

1. 請討論英利公司的公司概況為何？
2. 請討論英利公司的零組件賣給哪些高級車廠？
3. 請討論英利公司重視研發的情況如何？
4. 請討論英利公司與頂級車廠長期合作的四大要素為何？
5. 請討論英利公司未來努力方向為何？
6. 總結來說，從此個案中，您學到了什麼？

英利工業：加碼投資研發

英利工業：與頂級車廠合作四要素

 個案 28　匯僑：唯一上市的室內設計裝潢領導公司

匯僑公司成立於 1977 年，2022 年營收爲 46 億元，是全臺營收最大室內設計公司，也是第一家股票上市的室內設計公司。

一、精品業都找這家設計公司

1984 年，LV 名牌進入臺灣第一家店就是由匯僑公司設計的；至今，在臺灣精品業大型店面裝修界，匯僑的市占率超過八成之多。

對國際精品品牌而言，店面形象等於品牌生命，只要有一絲不完美，都會影響銷售。首先是設計，大多必須跟品牌總部派來的國外設計師合作，要求極高。其次是施工品質，品質差的廠商做完，一、二年就看得到老化感，這對精品品牌是絕不允許的；但匯僑負責的精品店，居然都超過五年不用改裝更新，它的品質非常厲害。另外，已定的完成日期及開幕日期也不能延遲，必須準時完工。

二、嚴格 SOP 的紀律

匯僑公司每年都會接到很多設計及裝潢的大案，因此該公司很早就訂立 SOP（標準作業流程），從事前的資訊情報搜集，到進入正式設計、生產及工程管理，甚至到完工後的售後服務，都有 SOP 的規範。

該公司執行長楊信力設計師表示：「設計這行，有創意的人多，但有紀律的人少，唯有堅持有紀律的創意，才能使公司成功及擴大成長。」

楊執行長表示，包括：預算、流程、公司規章、保密協定、客戶需求、要求，都必須一絲不苟，照 SOP 運作。

匯僑公司的客戶，橫跨精品店、大飯店、高級商辦，一年的接案量高達 400 多個，平均不到一天就結一案，因此，嚴格的流程管理及品質控管非常重要。

三、讓名牌客戶信任，價格貴些沒關係

一般設計裝潢業者多採外包，但匯僑公司卻在中國浙江及臺灣桃園都有數千坪的工廠。打樣、傢俱都自己做。

爲什麼該公司要大費周章自建工廠？爲的也是要贏得客戶的「信任感」。對於精品客戶而言，傢俱或主題牆是店面質感的來源，因此要格外重視打樣，品牌總部設計師會爲了一片主題牆樣品，千里迢迢飛來臺灣監督，有時設計師不能來，匯僑就得將樣品寄去法國。

「售後服務」也是匯僑聞名原因，名牌店裡燈不亮，他們能在通報一小時換好，不讓客戶延遲營業。

匯僑的設計裝潢費比較貴，但是一分錢一分貨，對精品店來說，不希望店面有任何問題，就算有問題，也要確信找得到人，儘速修好。匯僑的價格，不只在設計及裝潢本身好而已，另外，還在於多年建立起來的「口碑」及「信任感」。

四、機動組接新案練功

從設計到售後服務一條龍，其背後是龐大的人力，該公司光是臺灣地區就有將近 300 位員工，兩岸相加更高達 600 人，規模很大。

楊執行長認爲：設計裝潢業靠的始終都是人。因此，如何用人、鍛鍊人才，是該公司最重要的事。

有時候，匯僑會從各部門遴選一些成員，機動組成「X-team」，往新的領域競標，保持人才的戰鬥力。像是讓習慣做精品店面的人才，跟習慣做商辦的人，組隊去競標豪宅案，這思維完全不同。楊執行長表示：「同仁們要去習慣不同的空間需求、不同的合作夥伴，這是維持同仁新鮮感及競爭力量的最好方法。這種任務型編組，能夠增加人才能量，並且靈活應付不同的任務，廣爲世界一流企業所用。」

五、留住人才最重要

楊執行長認爲，鍛鍊人才不容易，留住人才更難；這也是該公司爲何要推動股本上市的主要原因。

如何養才、如何留才，將是匯僑未來能否持續成功、成長的最關鍵因素。

匯僑：臺灣最大室內設計裝潢公司

匯僑：關鍵成功的五大要素

問・題・研・討

1. 請討論匯僑公司對 SOP 的認知為何？
2. 請討論匯僑公司如何贏得客戶的信任感？
3. 請討論匯僑公司的機動組是什麼？其目的為何？
4. 請討論匯僑成功的五大要素為何？
5. 總結來說，從此個案中，您學到了什麼？

個案 29　嘉里大榮：最會賺錢的物流公司

一、公司概況

一般物流市場的毛利率爲 7%～8%，但嘉里大榮沒有二位數就不做。其主要客戶有：屈臣氏、安麗、優衣庫、Fendi 精品等大戶。

早在 2007 年，老牌大榮物流經營不善，2008 年被香港嘉里集團併購；隔年，即轉虧爲盈，15 年來，該公司營收平均成長率達 8%，獲利成長率也均有 15%。

2022 年，該公司營收額達 120 億元，稅前淨利率 14%，遠高於競爭對手統一速達的 6%，以及新竹物流的 9%，堪稱爲臺灣最賺錢的物流公司。

二、靠併購跨入多元領域，專做別人不做的事

嘉里大榮公司在 2011 年併購信速醫藥物流，2015 年併購超峰快遞，2016 年併購空運公司震天，2017 年併購徠徠仙果公司，2018 年買下科學城物流公司六成股權。

嘉里大榮旗下的嘉里醫藥，正是國內醫藥物流的龍頭老大，在國內市占率超過七成，每年營收 5 億元，獲利 5,000 萬元。

嘉里大榮的經營信念，就是：

1. 努力把不被看好的各領域業務做到比原先還要賺錢。
2. 專做別人不做的事。

三、改革大榮貨運

嘉里公司併購大榮貨運後，即展開下列四項改革：

1. 禁止司機吃檳榔文化。
2. 改善每一個貨運站的廁所。
3. 翻新制服。
4. 改變車輛企業標誌。

上述改革，使大榮有了嶄新品牌形象；提高形象後，它運用母公司在 52 個國家的優勢，爭取了屈臣氏、優衣庫等大型客戶，同時也提升加值服務以鞏固客戶黏

著度。

四、三方面強化營運

過去幾年來，嘉里大榮可分三方面強化整體營運，包括：

1. 提升人員及車輛的素質。
2. 強化資訊系統建置。
3. 布局冷鏈專業物流。

足以提升業界的競爭力。嘉里大榮鑑於臺灣及兩岸物流市場已漸趨飽和，未來計畫往東南亞物流市場拓展。

該公司沈宗桂董事長表示：「他經常被講，做沒人要做的事，很多人都說你怎麼那麼笨，但就是這樣的利潤最好，因爲難做、不好做；但我們把它做成功了！」

問・題・研・討

1. 請討論嘉里大榮的公司概況為何？
2. 請討論嘉里大榮的併購成長。
3. 請討論嘉里大榮如何改革大榮貨運？
4. 請討論嘉里大榮如何強化三方面的營運？
5. 請討論嘉里大榮成功的根基為何？
6. 總結來說，從此個案中，您學到了什麼？

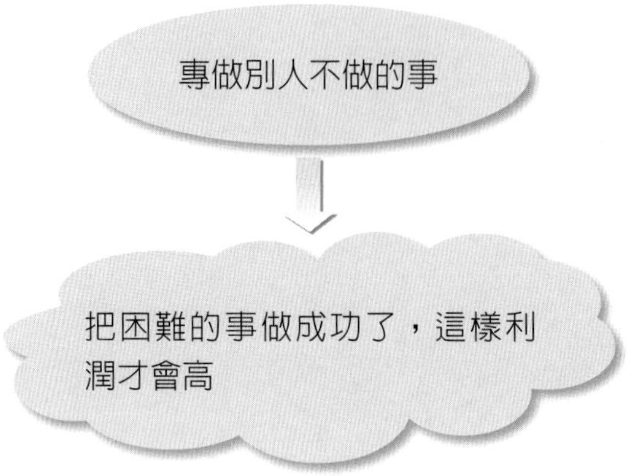

專做別人不做的事

把困難的事做成功了，這樣利潤才會高

嘉里大榮：成功的根基

(1)
提升人員及車輛素質

(2)
強化資訊系統建置

(3)
布局冷鏈專業物流

嘉里大榮：三方面強化營運

個案30　碁富：國內雞肉產品供應大王

碁富食品公司已成爲臺灣第一大肉品加工廠，年營收邁向100億元，如今，麥當勞、好市多，都有它的產品。碁富月產量4,000噸，是臺灣最大肉品加工廠，月產雞塊量可繞地球2.2圈，它也是全臺唯一獲得麥當勞全球供應鏈永續經營獎。

一、確保品質的關卡

爲讓消費者吃得安心，碁富食品從源頭就嚴選安心來源及優質認證把關的食材，層層節制以確保品質，這些關卡，包括：

1. 所有雞隻都來自用心照顧的農場，透過精選品種、飼料及細心呵護。
2. 所有雞隻都住在水簾式雞舍，不必害怕禽流感。
3. 不施打抗生素。
4. 雞隻屠宰前，由具執照的獸醫檢驗健康。
5. 所有雞肉皆取得臺灣CAS優良農產品認證。
6. 所有食材在出廠前，都要通過精密的金屬探測。
7. 嚴格控制溫度的食材，也全程採用冷凍低溫配送，確保新鮮衛生。

二、堅強研發創新與食安品質管理菁英團隊

碁富的研發與食安品質團隊，由十多位食品相關科系碩博士背景之菁英，當中多位分別取得食品技師、營養師、畜牧技師、品質技術師、產品開發管理師等，並結合產、官、學界專業人士與集團國際資源，成爲全球一流的食品研究與安全技術控管中心，利用最新、最快、最齊全的食品產業資訊流，即時爲顧客量身訂製配方與產品開發，滿足且超越顧客的期待。

三、360度嚴謹的管理系統

碁富公司陸續通過FSSC 22000、ISO 22000與HACCP食品安全管理系統驗證、ISO 9001品質管理系統驗證及ISO 14001環境管理系統驗證等。碁富秉持著持續改善的精神追求進步，並透過全員教育訓練，落實全面性系統管理。

四、廣大銷售服務對象

碁富肉品主要銷售對象爲國內各大連鎖餐廳、超商、超市及量販店，團膳通路與網路購物；以及其他專業代工需求業者等。只要有吃的場景，就有碁富的身影。

碁富在食品安全原則下，結合所有的優勢與資源，以豐富經驗創新技術、品質絕對及成本考量下，提升產品價值，提供客戶具市場競爭力的產品，給消費者最安心的選擇，碁富食品公司更是許多食品與餐飲企業的指名第一名合作夥伴。

五、充分授權與尊重人才

碁富的創辦人李長基董事長的管理哲學，主要有二點：

一是，充分授權。這是他的領導心法，他表示：「由自我管理，不管在什麼層次，不管哪個職位，你要覺得你是很自豪與自信於你的工作。」

二是，尊重人才。這是李董事長的管理第一法則。他表示：「如果我天天告訴你怎麼做，你的表現只能到我的高度；但若你的目標設得高一點，你自己就會去達到。」他說，領導人眞正的責任，是爲員工搭建好舞臺，讓他們自我表現，不論是主角或是配角，只要人人演到最好，票房收入就會跟著來。

六、客戶競爭力強，我的市場就跟著變大

李長基董事長表示：「我的責任，就是把好的產品供應給我所有的客戶。當他們的競爭力比別人強，展店速度就會快，我的市場就會跟著客戶而擴大。」

問・題・研・討

1. 請討論碁富公司的成功四大要素為何？
2. 請討論碁富的主要銷售客戶有哪些？
3. 請討論碁富在確保品質的七大關卡為何？
4. 總結來說，從此個案中，您學到了什麼？

暮富肉品：成功的四大要素

暮富肉品：主要銷售客戶

個案 31　新光三越：疫情期間 120 天總經理的掙扎心聲

2021 年 5～8 月，臺灣因爲新冠疫情，提升爲三級警戒，使得全臺各行各業都陷入高度不景氣及業績衰退嚴重。《商業周刊》特別專訪新光三越副董事長兼總經理吳昕陽，以下是重點摘要：

〈問〉三級警戒期間，您最掙扎的是什麼？

〈答〉這段時間，我思考最久的就是要不要主動閉店這件事。新光三越全臺有 19 館，配合廠商 1,900 多家，工作人員是 2.3 萬人之多，怎麼決定影響都很大。還有，這對同業會不會引起連鎖反應？假如新光三越一閉館，其他周邊百貨公司是不是也要閉館？

〈問〉您主持過 100 多場疫情應變會議，爲何每場您都親自參與？

〈答〉一是，表達重視及不鬆懈；二是，要凝聚共識。

這會議裡面有很多是分享資訊的動作，因爲成員是從人資、行銷、總務、安控、商品、資訊到營運，等於所有一級主管都在。

疫情這件事，對我們每一個人都是沒有碰過的情況，這是一個很好的應變訓練。

假設今天要修正預算，除了行銷及店端必須調整外，我們的總務也要提出如何管控水電，由誰負責等。

〈問〉這段時間應變速度很快，跟以前穩紮穩打風格很不同？

〈答〉我認爲在疫情巨變的環境中，能做時，不用到 100 分，就趕快去做，做不好，就打掉，時間、時機很重要。總之，要勇於嘗試，無論如何就去做做看，可能十件事情，對的只有二、三件，那也 OK，總之做了再修正就對了。例如，像我們做電商，也是很快就讓它上路，然後再快速修正改善它。

〈問〉百貨公司的未來會如何？

〈答〉長久以來，百貨公司都是一個 Retail Space（零售場所），但未來百貨公司應該是一個 Social Space（社交場所），我覺得，未來開的實體店都要呼應這個概念，就是一個 Living Center（生活中心）。

〈問〉疫情至今，您最大的學習及改變是什麼？

〈答〉我覺得，疫情讓人變得更謙卑；以前，我的個性就是努力把自己做好就好，但這段時間發生的，對每個人來說都是第一次，所以我們會去交流、請求資源、放下利益考量，原先不可能的事情，也有機會變成可能。

總之，我常告訴自己，這些疫情都會「過去的」，還是要相信自己、相信團隊，當你眞的相信，任何決策才能好好去執行的。

〈問〉新光三越爲何不上市？

〈答〉新光三越在臺灣，年營收做到 800 億元，獲利率也有 5% 左右，一年可賺 40 億元；但，中國是一個包袱，目前，新光三越在中國有三家店，每年虧損達 22 億元，就算現在可以上市，但受中國分店拖累，也不會有漂亮的股價。

問・題・研・討

1. 請討論三級警戒期間，新光三越吳總經理最掙扎的是什麼？
2. 請討論新光三越吳總經理在疫情期間，其行事風格有何改變？
3. 請討論百貨公司的未來樣貌會如何？
4. 請討論新光三越為何不上市？
5. 總結來說，從此個案中，您學到了什麼？

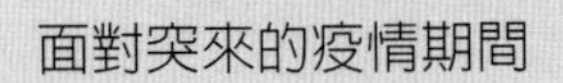

・要快速應變
・很多事，先做了，再修正

新光三越：疫情期間，快速應變

從購物場所

變為：社交場所及生活中心

新光三越：未來百貨公司樣貌

個案 32　愛上新鮮：臺灣最大生鮮電商成功三祕訣

一、愛上新鮮網簡介

愛上新鮮網成立於 2013 年，該網從賣冰凍水產起家，逐步擴展到水果及肉類等品項，靠著 (1) 精準選品，(2) 廣告投放，及 (3) 搭配迅速出貨物流能力，創業第二年即損益兩平，2022 年營收達 15 億元，年獲利 1.4 億元，已成爲臺灣最大生鮮電商。

二、獨家產品力：精準選品，創造獨特性

愛上新鮮網董事長吳榮和表示，消費者買東西不外乎三個考量，即價格、品質及數量。

愛上新鮮網的產品，幾乎 99% 都是自己開發及尋找的自有品牌，如此作法，主要原因是，一方面自知做平臺比不過大型電商；另一方面必須以自有品牌做出差異化。該公司一個品項只和一家廠商合作，不經過中盤商，而是直接找源頭廠，再由雙方共同研發出獨家產品。

對於這些源頭供貨廠商，該公司採取買斷制，而非寄售制。因此，受到源頭廠商的歡迎，而公司也能談到較好的供貨價格，並用 2 週～1 個月時間，少量上架，快速測試商品受歡迎程度。

相對照於大型綜合電商平臺有數十萬種品項，愛上新鮮網只有 1 千項產品；除了跟廠商談到獨家好價錢外，更必須「精準選品」，不浪費任何採購經費。

愛上新鮮網一個月可以賣出 70～80 萬片雞胸肉，就是該網的暢銷產品，口味多達 25 種，爲市場之最。

該網靠著卓越採購實力，談到好價錢（好成本），加上定價好，因此，該網產品的平均毛利率達到 40%，比一般大電商平臺的 20%～30%，要高出 10%～20%，因此，該網獲利不錯。

三、行銷宣傳力

除了前期商品開發、選品及採購成功之外，後期的行銷宣傳也是一個著力

點。愛上新鮮網執行長張佑承表示，該網每個月投入近 1,000 萬元的 FB 臉書廣告量，他認為「沒有網路流量，就等同沒有銷量」。因此，該網行銷人員很用心在廣告內容製作上，希望得到最大廣告曝光。他們經過不斷測試，找出曝光率最佳的內文、圖片、位置之搭配。

該網一年營收達 12 億元時，而一年的網路廣告費投入達 8,000 萬元，占營收比例有 7% 之高，顯示愛上新鮮網對行銷宣傳的高度重視。與臺灣其他生鮮電商相比，愛上新鮮網在 FB 臉書廣告曝光率高達 82%，也就是說，消費者在臉書塗鴉牆看到的生鮮廣告中，10 則有 8 則來自愛上新鮮網所呈現。

「精準行銷」已成為該公司的一門新生意，在 2018 年，成立數位行銷子公司，提供電商代營運服務，知名客戶如 M&M 巧克力，他們協助上架到 momo、PChome 等大型平臺，第一年 M&M 電商營收就做到 4,000 萬元之多。

四、倉儲物流力

張佑承執行長指出，除了 (1) 推出獨家產品，(2) 廣告引導下單之後，接著就是要 (3) 快速送達顧客手上等三步驟了。

在講求「快」的電商產業，張佑承分析，運輸分流及多樣化是二大核心。

愛上新鮮網針對北北基桃地區 3 小時到貨的服務，他們與機車快遞業者 Lalamove 合作，其他全臺各地區則與黑貓宅配、7-11、全家到店取貨合作，透過多元運輸方式，滿足了不同客層的需求。

吳榮和自豪表示，只要前一天晚上 6 點前結單，隔日全臺都可以到貨完成。

另外，張佑承執行長表示，愛上新鮮網在 2020 年設計的「揀貨系統」，也是物流順暢的助力之一。

一般來說，倉儲人員拿到一張訂單，得拉著推車在零下 20 度的倉庫，逐一尋找品項，完成一單後，再重覆相同步驟，不僅耗時又費力。而創新的揀貨系統則可以一次處理 50 張訂單，假設每張單有 20 個產品，總量就是 1,000 樣商品；資訊系統會自動計算出 A 商品共幾項、B 商品需要幾個，位於倉儲的哪一區。如此一來，倉儲人員只要進入冷凍櫃一次，就可以領取 50 張訂單的總貨量。此作法證明可節省 70% 的時間，而且出貨速度比原先快 2～3 倍之多，效率提高很多。

五、結語

張佑承執行長總結說，生鮮電商的 (1) 產品力，(2) 行銷力，(3) 倉儲物流力等三者，缺一不可；每一關的得分加總，才能成就愛上新鮮網在生鮮同業者的第一品牌地位！

問·題·研·討

1. 請討論愛上新鮮網的經營成功三秘訣為何？
2. 請討論愛上新鮮網的產品力內涵為何？
3. 總結來說，從此個案中，您學到了什麼？

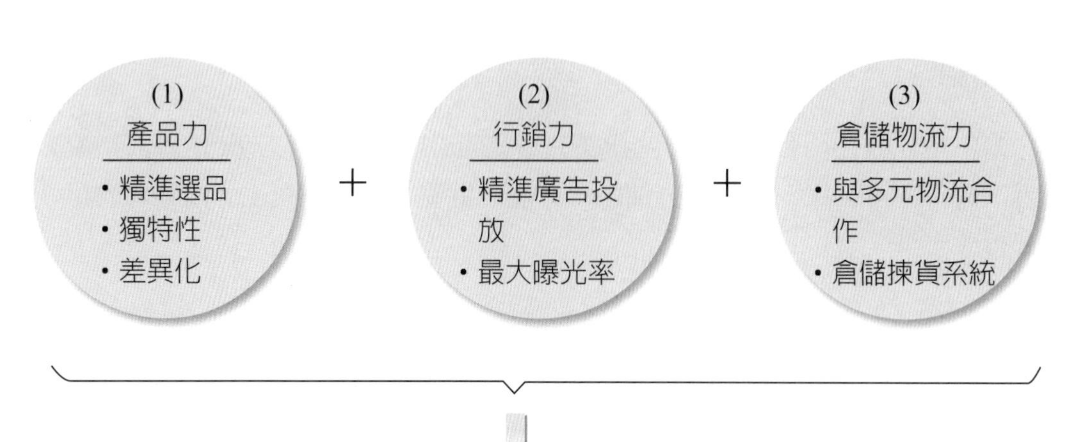

愛上新鮮網：成功三秘訣

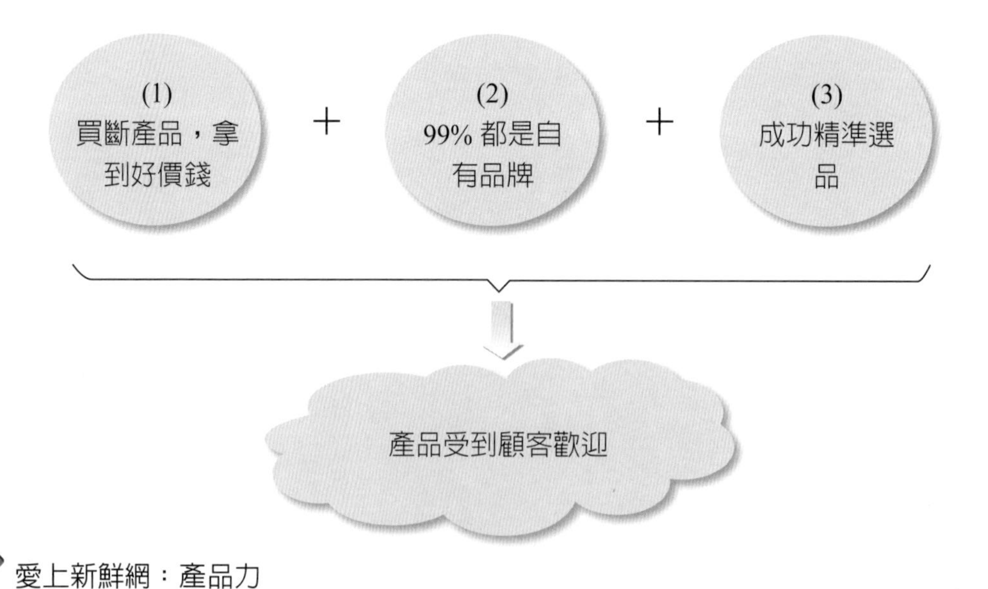

愛上新鮮網：產品力

個案 33　柏文：唯一上市的連鎖健身龍頭

一、柏文簡介

柏文公司的「健身工廠」自高雄發跡，目前在全臺共有 64 個據點，超過 20 萬名會員；每年持續以 5～8 家的腳步拓點，是國內指標性連鎖健身龍頭。

柏文也是國內第一家健身場館的上市公司，其營收以月繳會費及教練費爲主。

在 2021 年 5 月，全球新冠疫情期間，場館不能營運，使營收一下子歸零。到 2021 年 10 月才又正式開放，可以營業。

二、三大經營策略

在 2020 年～2021 年的新冠疫情期間，柏文公司經營團隊有如下的三大經營策略：

1. 仍加速拓點

柏文的拓點腳步不會停止，反而會逆勢展店，拉大與同業間的差距。2021 年已開 8 家新場館。

柏文總經理陳尚文分析，現在已走向「健身生活化、運動社區化」趨勢，當人們把健身融入生活日常，那就會變成剛性需求。而交通方便、離家近，更是消費者首選。

2021 年 10 月 6 日新開幕的最新據點「健身工廠長春館」，坐落於和臺北捷運南京復興站共構的大樓裡，而且和捷運連通，捷運族到站即抵達，交通非常便利。

2. 規劃別具特色的女性專區

新開的長春館，有一個專爲女性設立的運動專區，除擺放適合女性的器材，更以粉色系作爲區隔，打造放鬆運動的環境。

「健身工廠」會員性別比例，約男女各半，經過內部消費者訪察發現，不少會員對於有男性的環境健身會感到不自在，所以有女性專區的設置。

3. 線上線下虛實融合

打開「健身工廠」的 APP，教練及會員都能上傳運動心得及菜單，也有線上營養師服務。

另外，目前正在與國泰金控洽談合作，結合金融服務、會員點數，以打造健康管理生活圈。

三、未來成長性仍大

陳尚文總經理指出，截至 2022 年底，健身場館從 100 家成長到 730 家，總營收從 19 億元成長到 152 億元。

另一方面，體育署調查，健身房的運動人口滲透率仍占整體 3% 而已，與歐美國家相較，還差一大截。

問・題・研・討

1. 請討論柏文公司簡介。
2. 請討論柏文公司健身工廠的三大經營策略為何？
3. 請討論國內健身運動的未來成長性如何？
4. 總結來說，從此個案中，您學到了什麼？

(1)
加速拓點（每年設 8 家）

(2)
規劃別具特色的女性專區

(3)
線上／線下虛實融合

健身工廠：三大經營策略

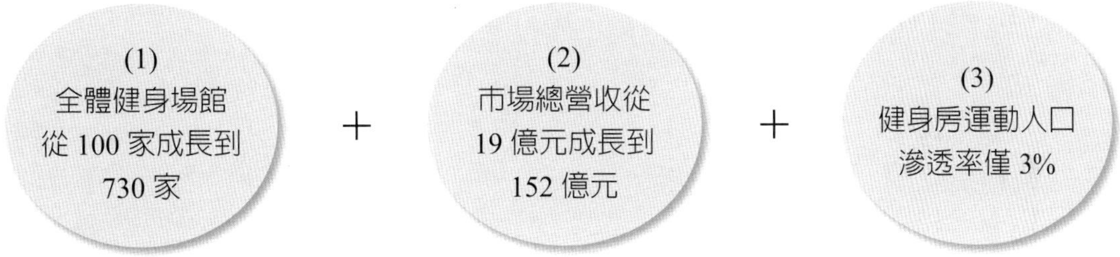

(1)
全體健身場館從 100 家成長到 730 家

＋

(2)
市場總營收從 19 億元成長到 152 億元

＋

(3)
健身房運動人口滲透率僅 3%

健身工廠：未來成長性仍大

個案 34　豆府：韓式餐飲的領導品牌

一、公司簡介

豆府餐飲集團為全臺最大韓式料理餐廳集團。成立於 2008 年，2022 年營收額為 16 億元，獲利率 9%，獲利額為 1.5 億元，員工人數 1,700 人，旗下品牌數有 9 個，總店數 63 家。

旗下品牌以涓豆腐及北村豆腐家二個為最大，其單價在 300 元～500 元之間；北區店 25 家、中區店 6 家、南區店 8 家，主力店數仍以北區為主要。

二、零負債

董事長吳柏勳表示，該公司為零負債，現在滿手現金，堅持不向銀行借錢操作槓桿，也不貿然大展店，所以，即使在 2020 年～2022 年的新冠疫情期間，仍然可以安然度過。

三、留住好人才，開放員工認股

近六年，豆府的股利配發率都超過八成。而且，豆府員工持股高達七成，豆府為留住好人才，開放員工認股，使員工持有自家股票，形成正向循環。

四、每週親自巡店

吳柏勳董事長堅持每週親自巡店，站在第一線觀察，並親身了解消費者的需求。吳董事長認為，臺灣消費者對異國飲食文化接受度很高，韓式料理市場仍有很大潛力。

五、拓展新分店及新品牌

吳董事長為增加該公司的成長動能，每年仍會持續拓展新的分店及新的品牌策略。

新的分店主要放在百貨公司或大型購物中心等大型賣場，及於龐大人流裡設立分店。新的品牌，則將持續引進韓式、泰式、越式等國好吃的料理進來臺灣市場。

六、專心做好一件事

吳董事長表示：「人的一輩子，如果能把一件事情專心做好，就是很大功德了。未來，(1) 就是要持續專注在好吃的各式料理上，(2) 並且不斷優化服務品質，(3) 以提升消費者對豆府品牌的好感度及忠誠度。」

另外，也要把關好食安問題，豆府在六年前，已建置工廠，從豆漿、豆干、豆腐等一系列豆製品，皆嚴格控管。2020 年，更改建成中央廚房，可進行食材預先處理，門市現場的廚房無須太大。

問・題・研・討

1. 請討論豆府公司簡介。
2. 請討論豆府公司如何留住好人才？
3. 請討論豆府吳董事長每週為何要巡店？
4. 請討論豆府追求營收及獲利成長的二大策略為何？
5. 請討論豆府吳董事長所說專心做好一件事的意涵為何？
6. 總結來說，從此個案中，您學到了什麼？

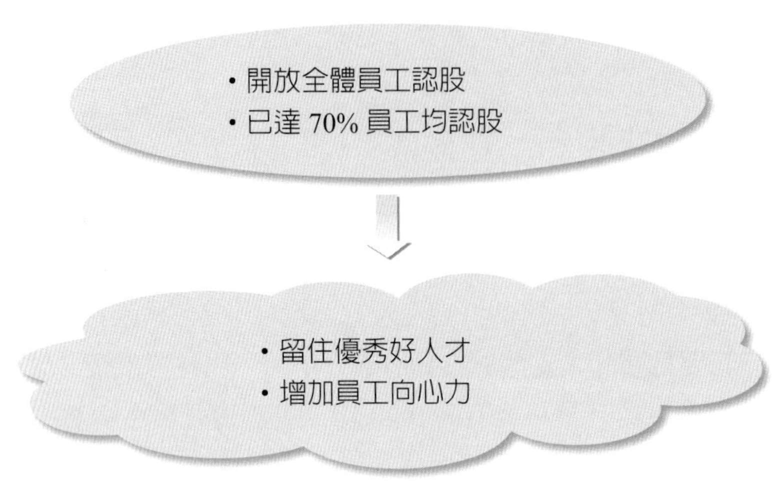

豆府：開放員工認股，留住好人才

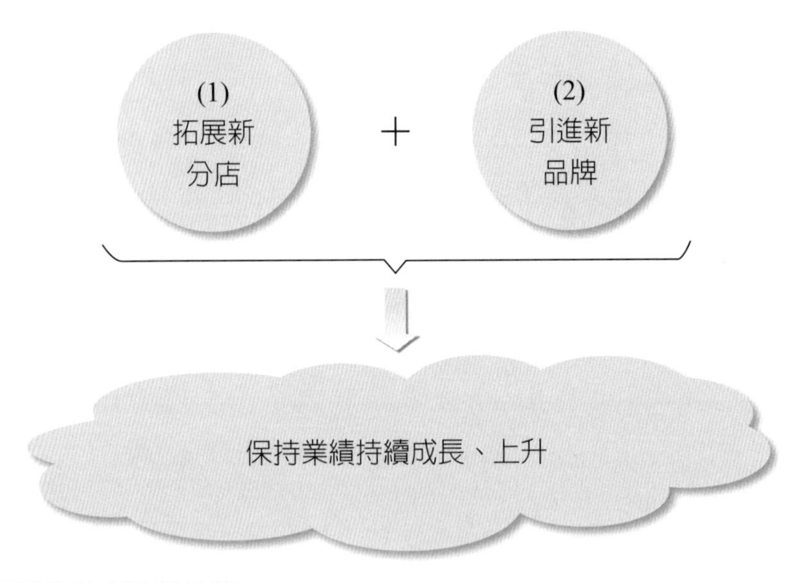

豆府：拓展新分店及新品牌

個案 35　歇腳亭：手搖飲拓展全球市場，返臺上櫃

一、特意選擇，先攻海外市場

歇腳亭原在臺灣經營手搖飲店，後來政策轉變，改爲向海外市場發展。如今，已成爲美國市占率最高的臺灣手搖飲品牌，並於 2021 年 9 月通過上櫃公司審議。

歇腳亭創辦人鄭凱隆表示，這是他的特意選擇。他表示，臺灣早期手搖飲還處於低價，一杯飲料 20 元、30 元，毛利不高，我們乾脆往高所得、高毛利的地方。例如香港，同樣是一杯 20 元、30 元，卻以港幣計價，當時匯率 1：4，等於香港賣一杯，臺灣要賣四杯。

歇腳亭於 2010 年左右開始轉攻海外市場，如今已在四大洲、15 個國家，50 個城市，全球總店數達 359 家，且美國就有 125 家，在眾多進軍美國市場的臺灣手搖飲品牌中，市占率第一。

二、勤踩點，深耕香港，打開知名度

歇腳亭的海外之旅，是從香港開始發跡的。

鄭凱隆創辦人每月來回當空中飛人，用雙腳走遍香港，透過觀察，他看出香港做爲歇腳亭海外首發的優勢潛力有：

一是，香港街頭許多餐飲店顧客都在排隊，顯見餐飲市場蓬勃；二是，香港是國際城市，能見度很高，可作爲邁向全球的敲門磚。在成功進駐香港後，果眞收到星、馬等地加盟詢問。現今，歇腳亭在香港門市高達 44 家店，也是臺灣手搖飲最高的一家公司。

三、鎖定美國人

依循香港的成功模式，歇腳亭緊接著將觸角伸及美國。

一來，美國有 3.3 億人口，市場廣大；

二來，美國經濟成長動能強；

三來，美國國民所得高，單價可拉高到一杯 5～7 美元，美國開一家店，等同於臺灣開 5～8 家店。

鄭凱隆指出，美國人對品牌的忠誠度很高，喜歡你就會常來，甚至會不遠千里開長途車而來。

在美國有「區域保護政策」，爲鞏固門市客源不被稀釋，歇腳亭堅持「一區不多店」原則，而且，很多加盟主一次想要加盟 4 家，但我們堅持一定要等第一家店賺錢了，才能開第二家店。正因爲如此，歇腳亭在美國加盟店存活率極高，而且續約率高達 95%，複數店（擁有超過一家店）加盟主占 56%。

鄭凱隆創辦人信心十足表示，星巴克在全美有一萬多家門市，而歇腳亭僅及 1 / 100，故未來全美市場仍大有可爲。

總計，香港及美國的總營收，占歇腳亭的 70%，是全球最主力的前二大市場。

四、其他國家市場

2019 年，歇腳亭揮軍日本，與日本最大迴轉壽司品牌壽司郎合資，在 500 多間壽司郎門市販售會發光的珍奶，迅速打開知名度，上市首週，IG 共打卡逾 1.7 億人關注。

此外，打進難以想像的處女市場，如中東杜拜就開了 4 家店，其他如科威特、模里西斯等，都透過代理洽談展店中。

五、臺灣上櫃的原因

歇腳亭在 2021 年 9 月，申請通過在臺灣上櫃公司，其主要原因爲：

一是，公司要打海外國際盃，進入資本市場是順理成章的。

二是，公司要有資金實力支援，才能持續在國內、外市場壯大與擴張。

三是，能夠吸引更多優秀好人才的加入。

六、臺灣是人才培育及創新研發中心

最重要的是，臺灣將是歇腳亭的 (1) 人才培育，(2) 創新研發中心，臺灣人才濟濟，又是我們熟悉的市場，歇腳亭不能錯過。目前，已與義美及小美品牌聯名合作，增加曝光度，擴展更多異業結盟機會。

七、三種營運模式

歇腳亭會評估不同市場特性，將連鎖營運模式，區分為三種：

一是，直營。

二是，代理授權。

三是，單店加盟。

現今，在海外店的英文品牌名稱，為「SHARE TEA」（分享茶）之意。

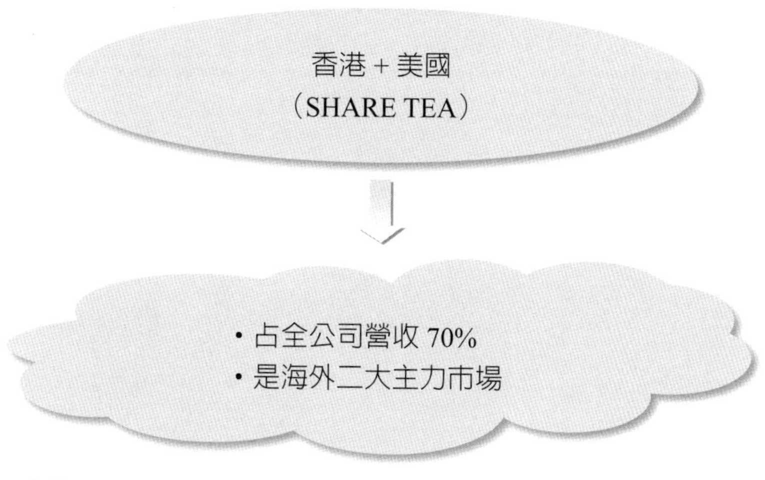

歇腳亭：香港 + 美國占 70% 營收

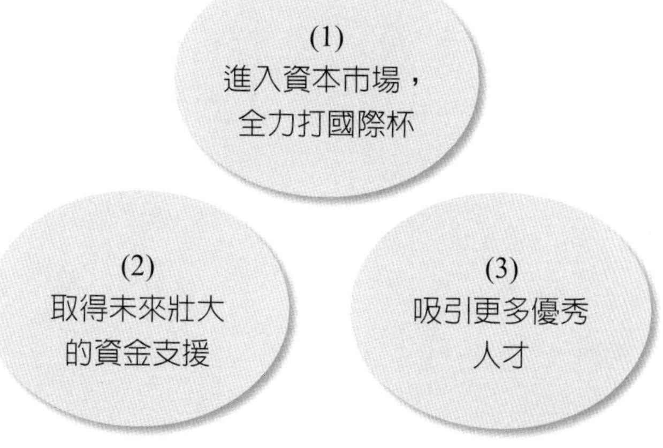

歇腳亭：上櫃三大原因

問・題・研・討

1. 請討論歐腳亭為何要特意選擇先攻海外市場？
2. 請討論歐腳亭進入美國市場的原因為何？區域保護政策為何？
3. 請討論歐腳亭在臺灣上櫃的原因為何？
4. 請討論歐腳亭把臺灣當成是哪二大中心？
5. 請討論歐腳亭的三種營運模式為何？
6. 總結來說，從此個案中，您學到了什麼？

 個案 36　巨大自行車：越南逆勢蓋廠

一、越南：臺商投資最多的國家

2021 年 8 月，全球新冠疫情來襲，東南亞淪爲重災區。其中，越南不僅是臺商累計投資近兆元的東南亞第一大國，也是全球參與最多自由貿易協定的國家之一，包含：東協、跨太平洋夥伴協議（CPTPP）等，共簽下 17 個自由貿易協定（FTA），是臺灣及全球都關注的製造基地。

二、疫情中，逆勢蓋廠

但是，疫情似乎嚇不跑臺商。全球自行車龍頭巨大公司，該公司董事會，在 2021 年 8 月拍板決議，首度前進越南平陽省，砸下 13 億元，購地十公頃，在 2021 年底動工建廠，最大年產能達 100 萬輛自行車，將主攻 3 萬元臺幣以下的中低價車種，預計 2023 年下半年投產。

這是巨大公司繼 2018 年在荷蘭斥資 5 億元蓋歐洲物流中心，以及在匈牙利斥資 17 億元蓋新廠後的東南亞最大投資案。

巨大公司發言人李書耕表示：「這是長期、全球布局考量，而不看新冠疫情。」

三、越南設廠四個原因

自行車同業過去前進越南，多是因爲資源有限，難以直接在歐洲這主要市場設廠，因此就近在越南設廠，藉該國多項自由貿易協定當跳板，避開國際關稅障礙，將產品賣進歐洲。

但巨大公司已經坐擁荷蘭及匈牙利二大歐洲基地，擁有就近生產供貨的優勢，依舊選擇逆勢投資越南，有四大原因：

一是，新冠疫情帶旺全球的單車需求，它需要更多的生產基地。由於疫情爆發，歐洲很多國家都大力推廣自行車，成長率大增。李書耕發言人表示：「現在全球需求非常暢旺，尤其是這二年很好，我們現有工廠沒辦法容納未來的成長動能，因此需要繼續在全球擴充產能。」

二是，越南自行車產業聚落成形，有助於提升國際競爭力。

一輛自行車，包括上百種零組件，是分工很細緻的產業，不能只靠單一業者生產，周邊零組件供應鏈也相當重要，而越南已有 20 家的自行車零組件廠進駐，條件比歐洲相對更好、更成熟。

三是，越南擁有諸多自由貿易協定優勢，未來當地自行車出口歐洲，最快到 2025 年，關稅就會從現在最高 9%，降到零，出口美國也是零關稅。

四是，此外，還能就近開發龐大的東協十國內需自行車市場。

總之，相較歐洲設廠，越南有更佳的產業聚落效應，而且能靈活支援歐洲、美國、東南亞三大市場需求，這是吸引巨大逆勢投資越南的一大原因。

問・題・研・討

1. 請討論疫情期間，巨大公司在越南蓋廠的狀況如何？
2. 請討論巨大公司選擇在越南設廠的四大原因為何？
3. 總結來說，從此個案中，您學到了什麼？

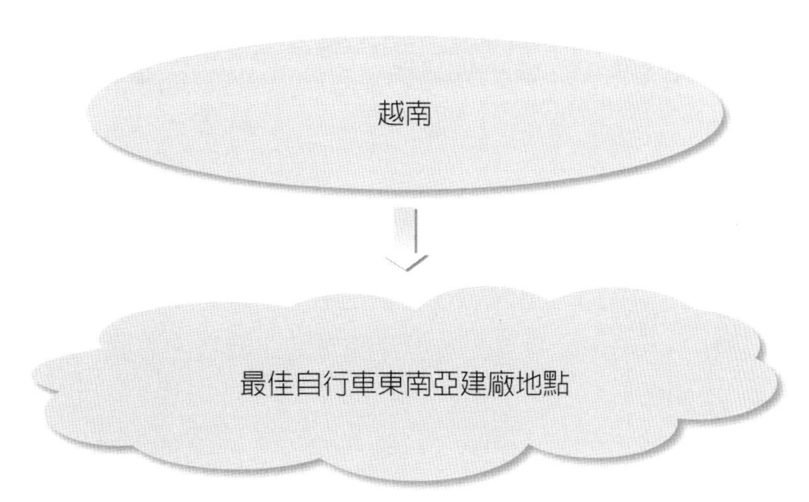

巨大自行車：越南蓋廠

(1)
疫情期間，全球自行車需求大增

(2)
越南自行車聚落成形

(3)
越南擁有自由貿易協定低關稅優惠

(4)
東協十國內需市場也不小

巨大自行車：越南蓋廠四大原因

 個案 37 志強國際：全球最大足球鞋供應商成功祕訣

一、公司簡介

志強國際公司於 1991 年在越南設廠，1992 年開始代工生產，2021 年 4 月在臺灣掛牌上市，主力產品為足球鞋，客戶包括：Nike、adidas、PUMA、Under Armour、迪卡儂等。目前，全世界足球鞋年銷量約 1 億雙，志強代工量為 2,000 萬雙，全球市占率為 20%。

二、我們很專注

志強國際公司董事長陳維家表示，我們不會因為別人做得多，而特別想要追求量，我們很專注，跟著品牌及市場需求，一步步往前走。眞正好的東西，選一樣就好了，可能就可以專注找到成功的路。我一向認為，對的事情就做到底；事情就是在鍛鍊中磨練，才會萃取你最獨特的地方；獨特性不是走短線，需要長線的淬煉，才會找到你的核心價值。

三、來自於客戶的信任

志強不可替代的核心優勢，主要是來自於你能提供什麼樣的信任。

陳維家董事長指出，他們會給不同客戶一個專屬團隊，也會持續投資及創新，包括軟體、硬體、研發，再來是服務；他們會跟客戶一起解決問題、一起接受挑戰。最後，還有管理，包括生產管理、精實系統及品管系統建立；最後才體現到生產，每個關卡都有明確 KPI 績效指標。

陳維家董事長指出，他們很專注且提供價值，客戶相信你做得到，你就有這個機會。

客戶信任的四個面向

(1) 專屬團隊	(2) 持續投資及創新
依照品牌客戶，分廠區由獨立團隊服務	重視研發，挖角國外人才，聘請國外品牌技術人員，掌握客戶對運動產品的核心需求
(3) 完善服務	**(4) 精實管理**
與客戶一起解決問題及挑受挑戰	2001 年起推行精實管理，從需求回推產量，降低存貨與半成品，提高生產效率

四、客戶分布狀況

志強國際的客戶代工量，大致如下：

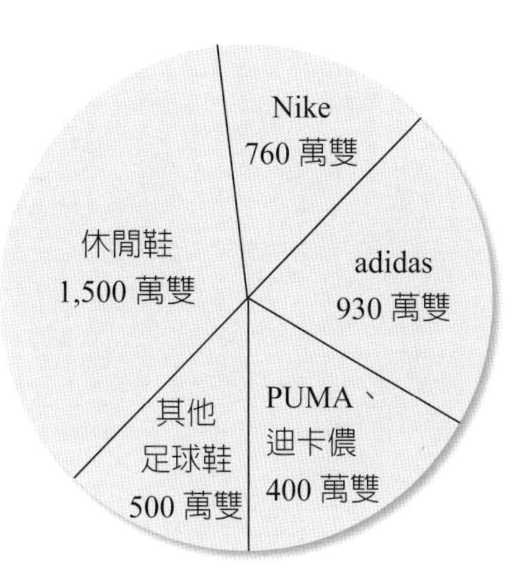

- 足球鞋：每年約 2,100 萬雙
- 休閒鞋：1,500 萬雙
- 其他足球鞋：500 萬雙

總計：4,100 萬雙鞋

五、擴大產品線

原本志強是專注在足球鞋代工生產上，後來，又兼做一些休閒鞋，主要是公司要上市，公司要擴張，但是足球鞋仍是他們的核心事業不會改變。

六、為什麼想上市

2021 年 4 月公司上市了，最主要原因有幾點：

一是，希望把公司的制度面，做得更好一些。

二是，希望把年輕人及好的人才，吸引進來。

三是，希望公司不是家族企業，可以永續經營，客戶也會放心一些。

問・題・研・討

1. 請討論志強國際的公司簡介及客戶分布。
2. 請討論志強國際獲得客戶信任的四個面向。
3. 請討論志強國際為何要公司上市？
4. 總結來說，從此案例中，您學到了什麼？

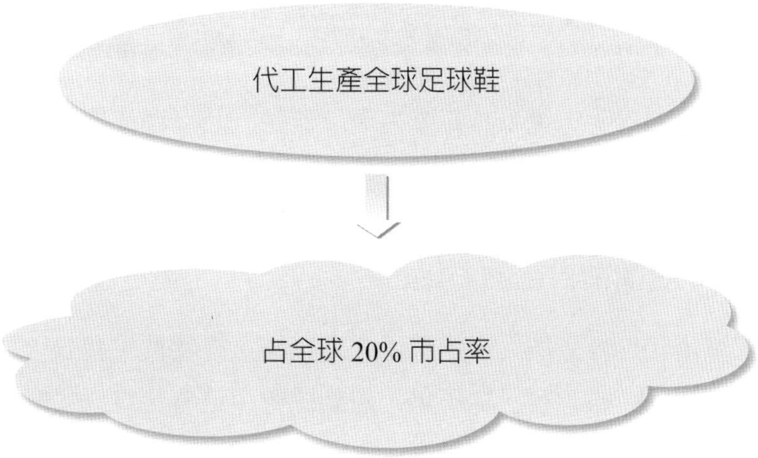

代工生產全球足球鞋

↓

占全球 20% 市占率

志強國際：占全球足球鞋 1 / 5 市場

(1)
希望把公司制度
做得更好

(2)
希望吸引年輕人
及好的人才

(3)
希望公司可以
永續經營

志強國際：公司上市三大考量點

 個案 38　富邦集團：蔡明忠董事長專訪

最近，富邦集團蔡明忠董事長接受《天下雜誌》及《商業周刊》專訪，談到富邦集團的發展，茲摘述重點如下：

一、積極併購，是彌補自己的不足

很多人都說富邦很會危機入市，但誰知道以後會變轉機，我覺得機會是給做好準備的人。我經常不斷的想自己的不足，看到機會，就會想可以怎麼彌補自己的不足，這是富邦集團併購的想法。

在近十年來，如果沒有併購，富邦不可能長到現在總資產突破十兆元的集團，本來我們2021年想靠自己突破十兆，結果最近併購日盛後，目標提早完成了。

十兆元是很驚人的數字，但是金融業的資產，大部分都是存款戶及壽險保戶給你的。我父親生前常提醒，這些錢不是我們的，都是別人的，你只是幫人家運用保管這些錢，中間如有差價或手續費收入，才是你應得的。十兆元，人家是看到資產，我是看到更巨大的責任。

二、富邦的併購哲學

蔡明忠董事長表示，富邦的併購是用三個C的原則，檢視對企業成長的助益。

第一個 C 是 Capital Efficiency（資本效率），即併購是不是能提高資本運用的效率。

第二個 C 是 Cross Sell（交叉銷售），富邦的目標是成爲一家「金融百貨」，對客戶提供一站式服務，所以會積極「跨售」各種金融服務。

第三個 C 是 Cost Saving（成本節省），合併以後，由於規模擴大，可以降低經營成本。以上，就是富邦併購時的 3C 理論。

「併購」一直是富邦長期的企業策略。

三、富邦的經營哲學

蔡明忠董事長表示，富邦的經營哲學就八個字：「誠信、親切、專業、創

新」。

我們把創新放在最後，因爲創新是最難的，不是下工夫就做得到，必須要以專業知識爲基礎，才有辦法抓到開創的契機，做到眞正創新的產品及服務。人家叫你做什麼，你好好去做，這不難。但「創新」是能改變，甚至創造不同的作法、服務，滿足過去沒有被滿足的需求，這是非常難的。

四、人才最重要

蔡明忠董事長認爲，事業經營成功最重要的就是「人才」。在他父親當家的時代，不論是哪個階層的員工聘用，他都親自面試，希望藉此甄選到最優秀的員工。

五、對未來的展望

富邦存在的目的，就是一句 Slogan：「正向力量，成就可能」，我們要持續擴大總資產規模，提供更好、更優質的服務，以成爲亞洲一流的金融機構爲目標。

但更重要的是，我們要扮演臺灣未來在社會上或經濟發展上更重要的角色。不管在環境友善面、企業社會責任面，要顧及我們各個層面的利益關係人。

這不只是一個口號，而是在營運過程中，要做到利人利己，眞正擁抱誠信，不只企業變好，也能讓我們的同仁、客戶，甚至整個社會都共同提升。

六、看中國市場

中國畢竟水很深，我常講，雖然大門打開了，走進去才發現有很多玻璃門，每走三步就撞到玻璃門，因爲中國不像臺灣只有金管會，他們有中央，有各省市的監理機關，光處理監理問題，就要花很大力氣。

我們以前想得太簡單，覺得拿臺灣經驗過去做就好了，沒想到中國金融市場長出自己的規矩，要搬臺灣經驗，根本做不到。在中國，你要跟大行拼，是不可能的；你想做全覆蓋、長出幾萬個分行，也不可能。中國變化雖然大，但它還是世界第二大經濟體，身爲企業家，我們不能有太多政治考量，而忽略這麼大的經濟體。臺灣是個小經濟體，我們不希望發展只侷限於臺灣。

七、對年輕人的建議

首先是保持好奇心，我是個很好奇的人，每天都想學到新知識、新趨勢、新變化；年輕人比起我們這一代，資訊接觸的更廣、更快。

其次，要有打破砂鍋問到底的精神，眞正把邏輯想清楚，東西才會變自己的，能拿來說服自己、說服別人。我很慶幸，我這一代已經走得差不多了，年輕人未來的挑戰更大，要更三頭六臂，才能自立成長。

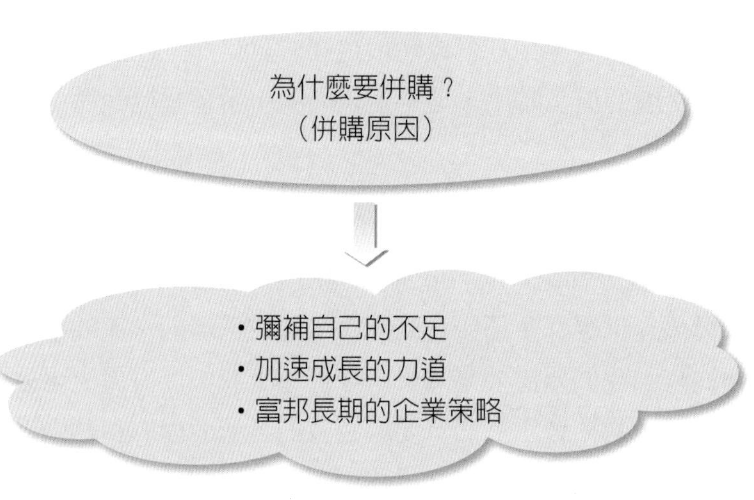

富邦集團：積極併購，彌補自己不足

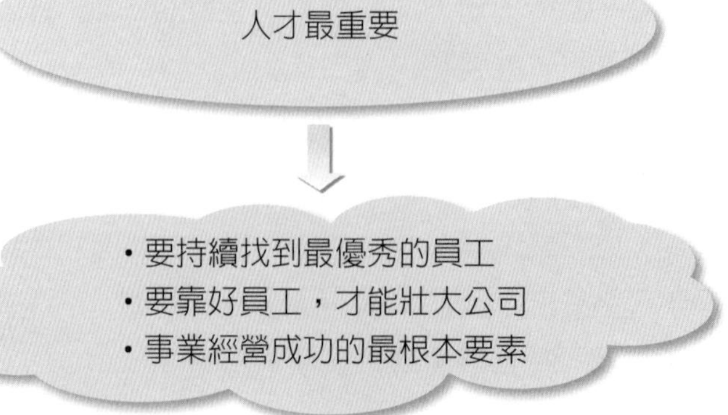

富邦集團：人才最重要

問・題・研・討

1. 請討論富邦集團的併購原因是什麼？
2. 請討論富邦集團的 3C 併購哲學為何？
3. 請討論富邦集團八個字的經營哲學為何？
4. 請討論富邦集團蔡明忠董事長為何認為人才最重要？
5. 請討論富邦集團蔡明忠董事長如何看待中國市場？
6. 請討論富邦集團蔡明忠董事長對年輕人有何建議？
7. 總結來說，從此個案中，您學到了什麼？

第 2 篇

市場營運與行銷管理實務個案篇（24 個個案）

個案 1　晶華大飯店：做好因應疫情的四招對策

2020 年 1 月起至 5 月，正是全球新冠病毒傳染最嚴重的時候，臺灣的觀光飯店、旅行業、餐飲業、航空業等都受到嚴重衝擊；由潘思亮董事長所帶領的晶華大飯店，由於快速因應得當，因此受到的損害較不嚴重。以下是晶華的應對策略四招。

〈第一招〉一個月當一年用，推出近 20 個促銷專案

首先，潘董事長把晶華集團旗下所有飯店，除了臺北晶華外，還包括全臺各地的晶英、捷絲旅等共十幾家，整合起來，過去三個多月推出的聯合促銷專案，已近 20 個，比過去五～十年還要多。

例如：延長住宿時間，可以住滿 30 小時，享受一湯六食；買 6,000 元送 8,000 元優惠；或住宜蘭送臺北晶華餐飲；或買臺北一晚送臺南、礁溪一晚的姐妹館聯合促銷等方案，一波又一波，每檔均帶動超過千筆訂單人氣。

潘董事長表示，他們幾乎所有專案都跑第一個；臺北晶華近期住房率是其他同業的二倍。

他還認爲：全球疫情過後，國際商務旅遊市場，短期內仍不易回復，因此，飯店全面轉型，衝刺國內旅遊商機。他們在花蓮太魯閣晶英、礁溪的晶泉丰旅及臺南晶英，都已是相當成功的休閒度假大飯店。

〈第二招〉推出創新服務，常溫牛肉麵外送創佳績

第二招是創新服務，當客人不上門，那就把服務與產品主動送上門。

例如：晶華推出一包定價 280 元的常溫牛肉麵禮盒，登上電視購物，40 分鐘內就賣 3.6 萬包，創下銷售佳績，後來不斷追加到 20 萬包，讓晶華上下爲之振奮。

另外，晶華也推出便當，成立「快熱送車隊」，延伸到外送便當領域，母親節檔期首發，光是週末二天，就創造 600 萬元營收。這種外送便當，爲確保品質及安全，菜餚烹調完畢，從打包到運送過程，都是由餐飲部同仁親自送給客戶，一條龍管控品質。

每一項創新服務，未來均可能成爲新的成長曲線。

〈第三招〉培訓人員

當年，政府紓困受災企業時，強調人才轉型培育，並給予補貼金額；晶華就搶搭首波列車，開設產業專班，從私人管家高檔服務、廚藝傳承、旅遊行銷企劃、到電子商務等，一系列推出 15 堂課。

潘董事長期望，透過培訓精進員工技能，全面提升顧客的服務體驗，希望帶領晶華成爲學習性組織，從主管到基層員工，都能在工作中學習，學習中工作。

〈第四招〉直送到宅的「良善蔬果箱」

晶華在 2015 年成立食安實驗室，每天上午，會針對供應商及小農送來的新鮮蔬果進行檢驗。未來，這個實驗室將從內部檢驗，變成幫一般消費者把關。這項服務是希望作爲消費者與小農之間的良善共好平臺，透過嚴選機制，把新鮮、安心食材送到消費者面前。已有一家頂級精品業者搶先向晶華訂製蔬菜箱，一箱約 20 種蔬果，送給他們 VIP 客戶作爲母親節禮物，迴響不錯，未來很有展望。

〈衰退幅度，同業中最少〉

攤開晶華 2020 年 1～4 月營收，累計 16.3 億元，比去年同期少了 25%，獲利也一樣腰斬；但這樣的衰退幅度，已是同業中最少的。

潘董事長認爲國際商務旅遊的經營非常辛苦，至少要二～三年才能漸漸回復，但國內深度旅遊、休閒、家人旅遊三大主題應該會慢慢回復。晶華已有心理準備，仍是要積極轉型創新，迎接未來疫情過後的黃金年代。

問・題・研・討

1. 請討論晶華大飯店面對全球疫情的四招因應對策為何？
2. 請討論晶華大飯店面對疫情的營收衰退如何？與同業相比又如何？
3. 總結來說，從此個案中，您學到了什麼？

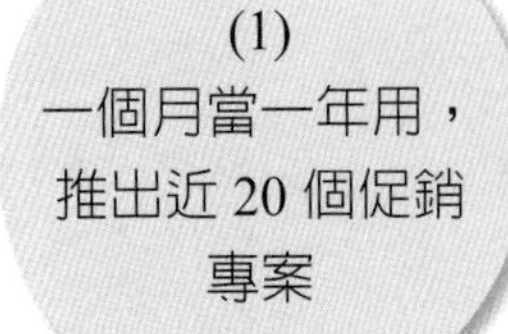

(2)
推出創新服務，
賣常溫牛肉麵及
便當外送

(3)
培訓人才

(4)
直送到宅的「良
善蔬果箱」

晶華大飯店：因應疫情的四招對策

營收比去年同期少 25%

- 衰退幅度，同業中最少
- 國內旅遊會慢慢回復

晶華大飯店：衰退幅度，同業中最少

個案 2　臺北信義區：百貨公司的競爭戰役

一、0.5 平方公里聚集 14 家百貨公司

迄 2022 年 12 月底爲止，臺北信義區僅 0.5 平方公里區域內，竟聚集了 14 家百貨公司，這 14 家每年營收額達 800 億元，可說是 800 億消費產值的競爭戰役，也可以說是全球吸金密度最高的戰區。

這 14 家百貨公司的定位特色及營收額如下：

1. 新光三越 A11 館

- 定位：潮流年輕館，多有快閃活動。
- 年營業額：58 億元。

2. 新光三越 A8 館

- 定位以親子家庭主題爲重心。
- 年營業額：82 億元。

3. 新光三越 A9 館

- 定位：男仕比重高，有多家大人系酒吧。
- 年營業額：40 億元。

4. 新光三越 A4 館

- 定位：精品館。
- 年營業額：53 億元。

5. 微風信義館

- 定位：主打國際精品與流行時尚。
- 年營業額：56 億元。

6. 微風松高館

- 定位：鎖定年輕客群，獨家引進潮流品牌。
- 年營業額：25 億元。

7. 微風南山館
    - 定位：集團最大賣場，餐飲比重近五成。
    - 年營業額：50 億元。

8. 臺北 101
    - 定位：精品旗艦店聚集。
    - 年營業額：155 億元。

9. ATT 4 FUN
    - 定位：PUB、夜店與火鍋店，主客群爲年輕人。
    - 年營業額：50 億元。

10. Neo 19
    - 定位：結合運動、飲食與娛樂，採店中店經營模式。
    - 年營業額：12 億元。

11. 統一時代百貨
    - 定位：主打平價流行服飾與美食。
    - 年營業額：55 億元。

12. 誠品信義店
    - 定位：大型藝術、書籍、生活用品。
    - 年營業額：25 億元。

（註：誠品信義店 2023 年底租約到期，出租人統一企業不續約、收回自營。）

13. Bellavita
    - 定位：歐洲精品首選。
    - 年營業額：50 億元。

14. 遠東百貨 A13 館
    - 定位：蘋果旗艦店、威秀頂級影廳。
    - 年營業額：50 億元。

二、新光三越總經理的看法

新光三越在信義區內有 4 個分館，合計 200 多億元營業額，是最早在此區域經營的百貨公司，可以說是老大。新光三越總經理吳昕陽表示：「沒有人能預測，二年後消費市場會怎麼變，因此，即時對應就是方向，方向錯了就改。只有虛心面對市場，隨時調整應變，向市場學習，才是長保領先的關鍵。」（註 1）

吳昕陽總經理又表示：「新光三越已經是信義區裡面最大的，每個加入者都帶進新的人流，我們將會是最大的受益者。面對市場的快速競爭，新光三越將不畏戰，已準備好了。零售業永遠在調整、前進及再調整中，但現在我們不再害怕各方的挑戰，而是歡迎大家一起做大這個市場。」（註 2）

（註 1：今周刊，〈臺北信義區百貨燙金戰記〉，第 1185 期，2019.9.19，頁 93。）
（註 2：同上，頁 104。）

問・題・研・討

1. 請討論臺北信義區內有哪 14 家百貨公司，各自的定位如何？
2. 請討論新光三越總經理對臺北信義區高度競爭的看法如何？
3. 總結來說，從此個案中，您學到了什麼？

臺北信義區 0.5 平方公里
聚集 14 家百貨公司

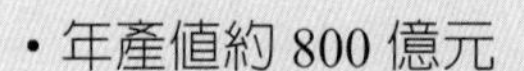

- 年產值約 800 億元
- 新光三越、微風百貨、遠東百貨、誠品、ATT 4 FUN、臺北 101 百貨等

臺北信義區：聚集 14 家百貨公司

只有虛心面對市場，隨時調整應變，
向市場學習，才是長保領先的關鍵

新光三越：應對之道

個案 3　三得利：日本保健食品 No.1

一、公司概況

根據三得利公司官網，顯示（註 1）：

三得利（SUNTORY）成立於 1899 年，創業之初以製造赤玉紅酒起家，百餘年後，三得利版圖跨越亞洲、美洲、歐洲及大洋洲，目前共有 34 個海外公司、10 個海外營業所及 10 家「燦鳥」餐廳，由製造葡萄酒、開創日本第一的威士忌酒，到推出暢銷的日本保健食品，像是膠原蛋白、蜂王乳、芝麻明 E 等。目前為日本保健食品 No.1 的市場地位。

二、暢銷產品

三得利於 2013 年進入臺灣市場，已經取得不錯成績，其暢銷商品，主要有下列幾種：

1. 蜜露珂娜（Milcolla）

主要為美容保養聖品。

2. 蜂王乳＋芝麻明 E

主要功能為幫助入睡、調整體質，順利度過必經階段。

3. 芝麻明 E

主要為日本人氣芝麻素，維持青春活力、煥發光采。

4. 固力伸

主要功能為保持中老年人的腳步骨骼行動力。

5. 比菲德氏菌＋乳寡糖

主要功能為富含 2 種膳食纖維，使每日腸道輕鬆順暢。

三、三得利的推廣宣傳策略

臺灣三得利公司推廣宣傳策略的主力方式，包括：

1. 強勢大量電視廣告播出：臺灣三得利每年投入大量驚人的 3 億元電視廣告量，在各大電視頻道經常性、頻繁性播出；其播出型態與一般 10 秒、20 秒等短秒式廣告不同，三得利都是採取 60 秒長秒數，而且以藝人及素人親身證言表達式廣告呈現爲主，主要在訴求使用三得利產品之後，對其個人的膚質狀況、睡眠狀況、腸道狀況、氣色狀況等帶來明顯改變及轉好的功能訴求。最近出現過的藝人，有謝祖武、郭彥均、林葉亭、翁倩玉、曾寶儀等知名藝人。在素人方面，則找 40 歲代、50 歲代、60 歲代的廣告素人來演出表達。整個電視廣告表現效果相當搶眼出色，三得利品牌形象及知名度，也大大打響起來。畫面並附有電話號碼，可以即時訂購。
2. 強大報紙廣告刊登：除了大量電視廣告外，三得利也在《聯合報》全版刊登廣告，介紹產品功能及訂購電話。
3. 在促銷方面，三得利也提供經常性用完後的再回購者 8 折優惠。

四、定價策略

臺灣三得利的價格策略，採取中高價位策略，每盒看不同容量而定，價格約在 1,000 元～3,000 元之間。由於是保健產品之故，而且是在日本製造原裝進口，因此，可以採取中高價位的策略。

五、通路策略

臺灣三得利產品的訂購通路，可以有下列四種管道：

一是，透過看電視正在播出的三得利廣告時，廣告上面附有電話訂購號碼，此時即可打電話訂購，此種也可稱爲電視購物的型態。

二是，平常用完之後，也可直接打電話到客服中心去訂購。

三是，三得利的官網裡也設立網路商店，可以網上訂購。

四是，也可以在臺灣主力的幾家網購公司買得到，包括：momo、PChome、蝦皮、雅虎、樂天等大型網購公司。

三得利產品並不在實體零售店面銷售，它運用一種稱爲「無店面銷售」的管道方式，這樣可以省去零售商及中間商的利潤瓜分；但必須多增加電視、報紙的媒體廣告宣傳費。

六、堅持貫徹品質第一的安全承諾

日本三得利總公司在研發、採購原料、製造過程、物流配送過程之時，都高度重視品質安全、品質第一的堅持流程，並經過日本各種食品、藥品品質檢驗通過的嚴格考核。

七、關鍵成功因素

臺灣三得利的關鍵成功因素，主要有以下六點：

1. 日本製造的品質信賴

三得利的產品全是日本製造、原裝進口，臺灣消費者基本上都較爲信賴日本的藥品或保健品、營養品。

2. 日本保健品 NO.1 的品牌力加持

三得利是日本知名且爲第一大的保健品公司，其品牌力足可爲臺灣三得利有力加持優勢。

3. 產品力有效果、重複回購

不少吃過三得利產品的消費者都覺得它有好效果，因此，回購率高，對業績有穩定的效果。

4. 大量強勢電視廣告轟炸

只要常看電視的消費者，一定會感受到三得利每年投入 3 億元電視廣告，以證言式廣告的強勢大量轟炸，此對該品牌的知名度、印象度及促購度，都帶來正面影響。

5. 訂購方便

三得利只要透過電話購買或網購，即可免費宅配送到家，可說非常方便，便利消費者。

6. 藝人與素人代言的說服力成功

三得利強勢電視廣告中，找藝人或素人代言的說服力效果都還不錯，也會引起購買動機。

〔註 1：此段資料來源，引用自臺灣三得利官網。（https://wellness.suntory.com.tw）〕

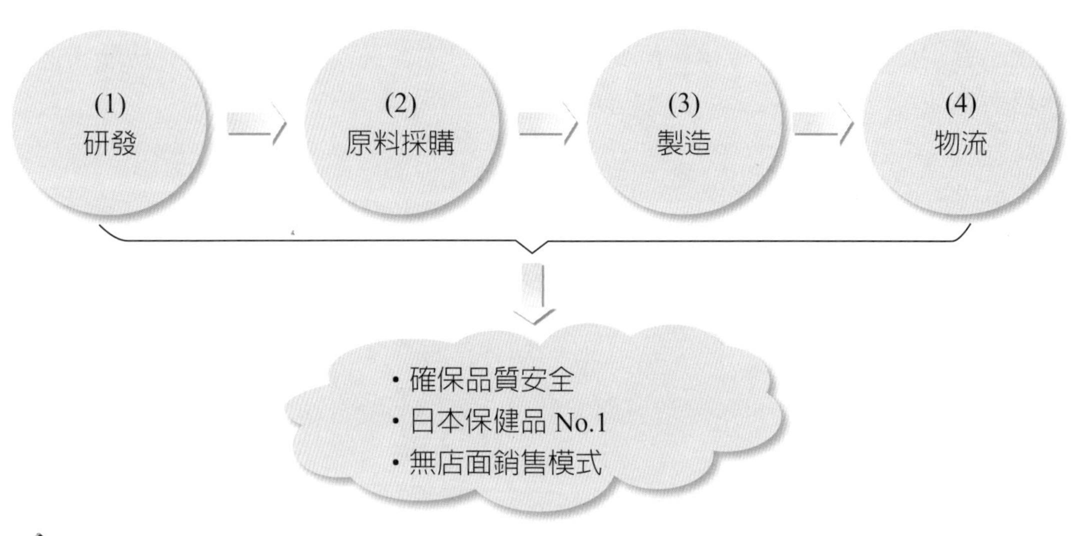

三得利：日本保健品市場 No.1，確保品質安全

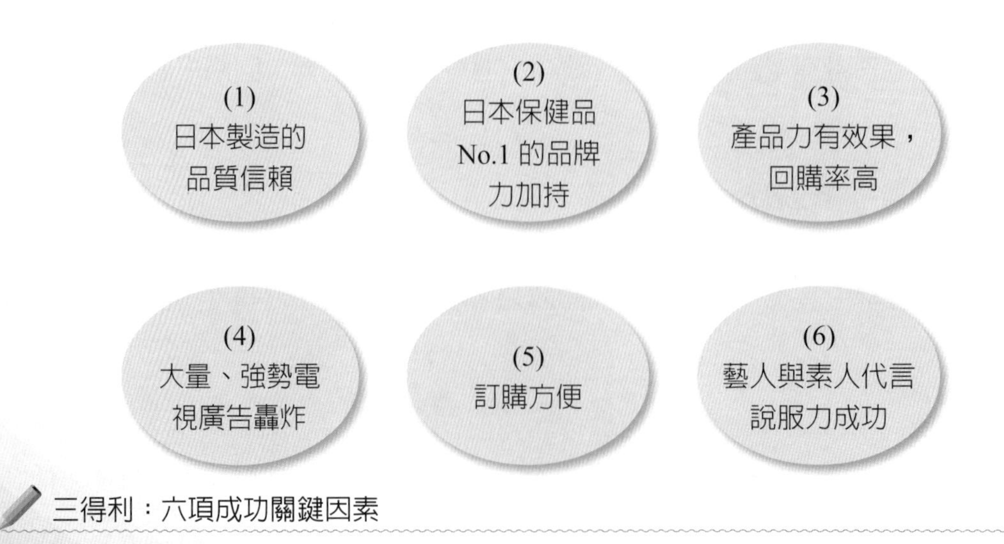

三得利：六項成功關鍵因素

問・題・研・討

1. 請討論臺灣三得利有哪些暢銷產品？
2. 請討論臺灣三得利的推廣策略為何？
3. 請討論臺灣三得利的通路策略為何？
4. 請討論臺灣三得利的成功因素為何？
5. 總結來說，從此個案中，您學到了什麼？

個案 4　dyson：英國高檔家電品牌的行銷策略

一、dyson 在臺灣銷售長紅

2019 年 12 月，今周刊商務人士理想品牌大調查，在吸塵器一項中，dyson 獲第一名，領先 Panasonic、伊萊克斯、LG、日立、iRobot 等品牌。

2006 年，臺灣貿易公司恆隆行引進 dyson（戴森），第一年只賣 3 千台，但到 2019 年上，累計已賣出 30 萬台，是十三年前的 100 倍。

13 年前，臺灣賣吸塵器很少超出 5 千元，dyson 卻賣 2 萬元高價；如今，在 8 千元以上高價吸塵器市場，dyson 的市占率已超過七成。

恆隆行 2022 年營收額爲 90 億元，dyson 的產品占了六成，即一年營收達 54 億元。

二、dyson 堅強的產品力

恆隆行認爲：產品不怕賣貴，就怕沒特點，也敢攻同業不敢想的價格帶市場。恆隆行認爲：消費者不怕買賣，但要有獨特功能，要讓人有想買的感覺。

英國 dyson 總部的研發能力很強大，它的吸塵器引擎型號從 V6～V11，每年升級一次，研發出更新、更好的產品品質、功能與耐用度。

英國 dyson 以先進應用科技而改善消費者的美好家居生活爲願景目標。

三、dyson 的通路力

恆隆行代理 dyson 產品在臺灣行銷，爲了維護品質與信任，在通路布建方面，不開放加盟，也不找地區家電經銷商，而完全透過在全臺百貨公司設立全直營的專櫃門市。包括：SOGO 百貨、新光三越、微風、遠百、漢神等百貨公司，並配以高級銷售人員的現場詳細解說。此外，全國電子及燦坤 3C 的賣場也可以買得到。

另外，dyson 近年來，也成立自己的官網銷售，形成全通路策略。

四、dyson 的價格力

dyson 定位在高檔的、精品級的家電，其銷售對象也屬中產階級以上到富有家庭，故其定價也屬高定價策略。在臺灣，dyson 的吸塵器市場定價約 2～3 萬元、吹風機定價 1 萬元、空氣清淨機定價 1 萬 5 千元等。但是，一分錢、一分貨，dyson 的高品質絕對值得高價位。

五、dyson 的服務力

恆隆行認爲：不只賣好產品，更要有好服務。該公司對 dyson 產品提供的售後服務如下：

1. 線上客服、到府人員、維修人員總計近 100 人之多的服務團隊，所耗人事成本很高。
2. 一週七天都有客服人員在專責接聽電話應對。
3. 可以預約到家裡面對面教導如何使用。
4. 產品若有問題，維修人員也可以到府收件。
5. 在保固時間內，一切維修均免費。
6. 要求 24 小時內，一定要完修送回；現在完修率已達 95%。
7. 客服中心 30 秒內要接聽服務，達成率爲 85%。

恆隆行表示，爲提供百分百的貼心與精緻服務，未來在速度及完成品質上繼續提升及精進。

問・題・研・討

1. 請討論 dyson 產品在臺灣的銷售績效如何？
2. 請討論 dyson 產品在臺灣銷售成功的四大行銷策略內容為何？（產品力、通路力、價格力、服務力）
3. 總結來說，從此個案中，您學到了什麼？

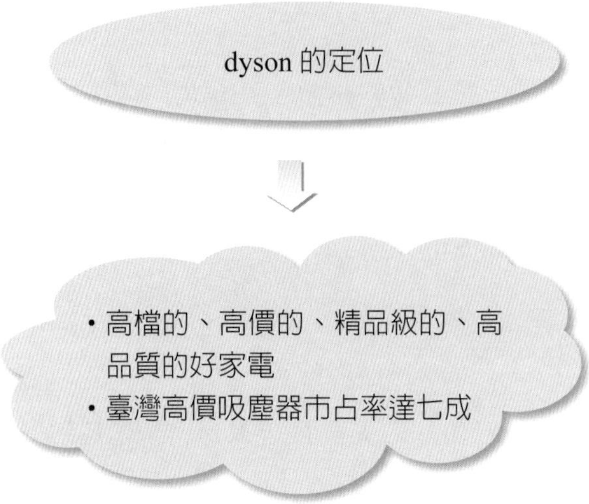

dyson 的定位

- 高檔的、高價的、精品級的、高品質的好家電
- 臺灣高價吸塵器市占率達七成

dyson：定位在高檔與精品級家電

(1) 強大研發力支撐下的優質產品力

(2) 24 小時完修的快速與貼心服務

(3) 直營百貨專櫃銷售通路

(4) 物超所值的價格力

dyson：成功的四大行銷策略

 個案 5　好來牙膏：牙膏市場第一品牌的行銷成功祕訣

一、市占率第一，銷售東南亞市場

好來（原黑人）牙膏，係屬於好來化工公司旗下的知名品牌，該公司成立於 1930 年代的中國上海，後來遷移來臺，迄今已有八十多年歷史的長青品牌，銷售地區擴及臺灣、中國、香港、越南、泰國、印尼、新加坡、馬來西亞等國，算是一個跨國企業。好來牙膏在臺灣的市占率居第一位，在中國的市占率也高居第二位，非常不容易。

根據波仕特線上市調網的一項國人慣用牙膏品牌的排名，顯示好來牙膏占 32%、高露潔占 21%、舒酸定占 12%、牙周適占 4%、德恩奈占 3%、無固定品牌占 18%，以及其他品牌占 6%。（註 1）

另外，黑人牙膏已於 2022 年 6 月正式更名爲「好來牙膏」，並投入 6,000 萬元電視廣告費做改名宣傳。

二、產品策略

歷經八十多年的發展歷史，好來牙膏的產品系列已非常完整、齊全、多元，包括以下六種主要系列：（註 2）

1. 超氟系列（強化琺瑯質系列）。
2. 全亮白系列（有多種不同口味）。
3. 抗敏感系列。
4. 茶倍健系列。
5. 好來護齦系列。
6. 兒童牙膏系列。

好來牙膏的產品功能訴求，主要以清新口氣、亮白牙齒、抗敏感、心情快樂等四大功能與消費者利益爲主力訴求，並受到消費者的肯定與極高的滿意度。

三、定價策略

好來牙膏的定價策略，相較於競爭品牌，是屬於親民的平價策略。茲以作者本

人親赴全聯超市記錄如下各品牌定價，包括下列四大品牌：

1. 好來全亮白：一支 75 元。
2. Crest（美國進口）：一支 189 元。
3. 高露潔：一支 105 元。
4. 舒酸定：一支 160 元。

顯然，好來牙膏是最平價的，因此受到消費大眾的喜愛。

四、通路策略

好來牙膏由於長期以來，都位居領導品牌，因此，在通路上架都不是問題，而且還擁有很好的黃金陳列位置及空間，讓消費者很好拿取。

好來牙膏的行銷據點非常綿密，包括以下：

1. 超市：全聯超市（1,100 個據點）、頂好超市（250 個據點）（註：頂好超市已在 2021 年 12 月被家樂福收購）、美廉社超市（600 個據點）。
2. 量販店：家樂福、大潤發、愛買。
3. 便利商店：統一超商（6,600 個據點）、全家（4,100 個據點）、萊爾富（1,400 個據點）、OK（900 個據點）。
4. 藥妝店：屈臣氏（500 個據點）、康是美（400 個據點）、寶雅（280 個據點）。

至於在網購通路方面，則有下列六大網購：momo、PChome、雅虎、蝦皮、樂天、生活市集等六家。

由於虛實通路很多地方都買得到好來牙膏，因此，對大眾消費者是非常便利的。

五、推廣策略

好來牙膏的行銷，可以說做得非常成功，使它成爲第一品牌是很有功勞的。在推廣操作方面，主要有以下幾項：

1. 代言人行銷

好來牙膏很擅長於代言人的操作方式，過去幾年來，陸續用了：趙又廷、楊丞琳、盧廣仲、楊謹華、陶晶瑩、高圓圓、田馥甄及迪麗熱巴等一線知名藝人的代言，效果不錯，帶給好來牙膏更好的印象及品牌忠誠度。

2. 電視廣告

好來牙膏投入大量電視廣告的播放，每年大約投入 8,000 萬元的電視廣告預算，打出很大的廣告聲量，也使品牌曝光度達到最大，幾乎一年四季都看得到好來牙膏的廣告。

3. 網路、社群廣告

好來牙膏爲了避免品牌老化及爭取年輕世代，每年投入 2,000 萬元在網路、社群及行動廣告上曝光。可以說是傳統媒體及數位媒體雙管齊下，打中所有的消費族群。

4. 戶外廣告

好來牙膏也在輔助媒體上下一些廣告量，例如：公車廣告、捷運廣告、大型看板等戶外廣告，希望達成鋪天蓋地的宣傳效果。

5. 記者會

好來牙膏每遇有新產品上市或是新代言人出來，總會舉行大型記者會，希望透過各式媒體的報導與曝光，增加品牌露出的聲量，加深品牌的深度。

6. 促銷

好來牙膏經常使用的就是「買二支」會有特惠價格，以及配合大型零售商的節慶活動，會有相應的打折活動。

六、關鍵成功因素

總結來看，好來牙膏能夠長期擁有高市占率，並成爲領導品牌，它的關鍵成功要素有如下六點：

1. 長青品牌優勢及不斷求新求變

好來牙膏擁有八十多年長青品牌的優勢，加上它能夠不斷求新求變，因此，始終領先不墜。

2. 產品系列多元、齊全

好來牙膏的產品系列相當多元、齊全，能夠滿足各種不同消費者的需求，掌握最大的消費族群。

3. 行銷預算多，強打電視廣告聲量大

由於好來牙膏市占率最高、營業額也最大，因此有能力播出一定金額的電視廣告預算，強打電視廣告的曝光，持續深刻在消費族群的心目中，形成深刻品牌印象。

4. 代言人多元化，具新鮮感

好來牙膏幾乎每年就換一個當下最紅的一線藝人，使消費群眾感到新鮮與好感，加深品牌印象。

5. 通路密布，購買方便

好來牙膏通路上架密布在各種型態的賣場，據點也超過一萬個，對消費者購買很有方便性，而且其陳列位置及空間都是最好的。

6. 顧客忠誠度高，回購率高

八十多年的好來牙膏，已累積不少高忠誠度使用及回購率高的消費族群，這群人足以穩固它的基本營收額。

〔註 1：本段資料來源，取自波仕特線上市調網，並經改寫而成。（https://www.pollster.com.tw）〕

〔註 2：本段資料來源，取自好來牙膏官網，並經改寫而成。（https://www.darlie.com.tw）〕

問．題．研．討

1. 請討論好來牙膏的銷售國家及臺灣的市占率為何？
2. 請討論好來牙膏的產品、定價、通路三項策略為何？
3. 請討論好來牙膏的推廣策略為何？
4. 請討論好來牙膏勝出的關鍵成功因素為何？
5. 總結來說，從此個案中，您學到了什麼？

(1) 代言人行銷

(2) 電視廣告（TVCF）

(3) 網路、社群、行動廣告

(4) 戶外廣告

(5) 記者會

(6) 促銷、打折優惠

好來牙膏：推廣操作

(1) 長青品牌優勢，不斷求新求變

(2) 產品系列多元、齊全，應有盡有

(3) 行銷預算多，強打電視廣告聲量大

(4) 代言人多元化，具新鮮感

(5) 通路密布，購買方便

(6) 顧客忠誠度高、回購率高

好來牙膏：六項關鍵成功要素

個案 6　和泰汽車：第一市占率的行銷策略祕笈

一、市占率 30%，位居第一

和泰汽車是日本豐田汽車公司（TOYOTA）在臺灣區的總代理公司，主要銷售由國瑞汽車工廠所製造的各款式 TOYOTA 汽車。和泰汽車爲上市公司，根據其公開的財務報表顯示，和泰的 2022 年年營收額高達 1,900 億元，獲利額 130 億元，獲利率爲 8%；年銷售汽車 13.2 萬輛，占全臺 44 萬輛車的市占率達 30%，位居第一大市占率。遙遙領先其他競爭對手，例如：裕隆、福特、三菱、日產、馬自達等各品牌。

二、產品策略（Product）

和泰汽車的產品策略，主要有以下三點：

第一點是訴求日系車的造車工藝與高品質、高安全性的水準。

第二點是採取母子品牌策略。母品牌即是 TOYOTA，子品牌則是各款式車的品牌。目前計有 14 個品牌，包括 Camry、Sienta、Cross、Yaris、Granvia、Altis、Vios、Auris、Prius、RAV4、Sienna、Previa、Lexus、Alphard 等。此種母子連結的品牌策略，可帶來不同的區隔市場、不同的定位、不同的銷售對象。總的來說，即是可以擴大營收規模及獲利空間。

第三點是強調重視環保功能及油電混合複合車，一則省油，二則具環保要求。

以上三點產品策略，使 TOYOTA 汽車在臺灣汽車市場能受到好的口碑及高的信賴度，而使該車款能保持長銷。

三、定價策略（Price）

和泰汽車在定價策略上，靈活地採取了平價車、中等價位車及高價位車三種定價。（註 1）例如：在平價車方面，計有下列車款：

1. Yaris（58 萬～69 萬）。
2. Altis（69 萬～77 萬）。
3. Vios（54 萬～63 萬）。

平價車主要銷售對象爲年輕的上班族群，年齡層在 25～30 歲左右。

在中價位車方面，計有：

1. Camry（106 萬）。
2. Sienta（65 萬～86 萬）。
3. Auris（83 萬～88 萬）。
4. Prius（112 萬）。

中價位車主要銷售對象爲中產階段及壯年上班族，年齡層在 30～45 歲左右。

另外，在高價位車方面，計有：

1. Granvia（170 萬～180 萬）。
2. Lexus（170 萬～400 萬）。
3. Sienna（198 萬～290 萬）。
4. Previa（140 萬～208 萬）。
5. Alphard（260 萬）。

高價位車主要銷售對象爲高收入者的企業中高階幹部及中小企業老闆，年齡層在 45～60 歲之間。

四、通路策略（Place）

根據和泰汽車官方網站顯示，和泰 TOYOTA 車的銷售網路，以下列全臺八家經銷公司爲主力，如下：「國都汽車、北部汽車、桃苗汽車、中部汽車、南部汽車、高部汽車、蘭陽汽車及東部汽車等八家經銷公司，全臺銷售據點數合計達 147 個。（註 2）

這八家經銷公司，和泰汽車公司都與它們有合資關係而成立的，因此雙方可以互利互榮，共創雙贏，好好地創造銷售佳績。而和泰汽車也在融資、資訊系統、產品教育訓練等各方面給予最大的協助。因爲，和泰清楚認識到，唯有經銷商能賺錢，和泰總公司才能賺到錢。

五、推廣策略（Promotion）

和泰汽車的成功，在行銷及推廣策略的貢獻，是不可或缺的，和泰汽車的推廣宣傳策略，主要有下列幾點：

1. 代言人

近年來，TOYOTA 汽車的代言人，主要以當紅的五月天及蔡依林最成功。找這二位爲代言人，主要就是希望爭取年輕人，避免 TOYOTA 品牌老化，因爲，和泰汽車已成立七十年了，難免會有老化現象。

2. 電視廣告（TVCF）

和泰的媒體宣傳，主力 80% 仍放在電視媒體的廣告播放上，每年大概花費 2 億元的投入。幾乎每天都會在各大新聞台的廣告上看到 TOYOTA 各品牌的汽車廣告。這方面的投資成效不錯。

3. 網路與社群廣告

和泰汽車爲了爭取年輕族群，這幾年也開始播出預算的二成在網路及社群廣告上，希望 TOYOTA 品牌宣傳的露出，能夠讓更多年輕人看到，這方面，每年也花費 3,000 萬元的投入。

4. 記者會

和泰汽車每年的新款車上市、新春記者聯誼會、公益活動舉辦等，幾乎都會舉行大型記者會，希望各媒體能多加報導及曝光，以強化品牌好感度。

5. 公益行銷

和泰汽車認知到「取之於社會，也要用之於社會」，因此，大舉投入於公益活動，希望形塑出企業優良形象。如下公益活動：

(1) 全國捐血用。

(2) 國小交通導護裝備捐贈。

(3) 一車一樹環保計畫（已種下 65 萬棵樹）。

(4) 全國兒童交通安全繪畫比賽。

(5) 培育車輛專業人才計畫。

(6) 校園交通安全說故事公益巡迴活動。

(7) 公益夢想家計畫。

6. 戶外廣告

和泰汽車的媒體宣傳，也會使用戶外的公車廣告、捷運廣告及大型看板廣告作爲輔助媒體的宣傳。另外，也會在戶外設有品牌體驗館的活動。

7. 改革 APP

和泰汽車不斷改良手機版 APP，使 APP 也成爲對汽車用戶的行動宣傳工具。

8. 促銷活動

促銷也是行銷操作的重要有效方式。汽車業最常用的二種促銷即是：一是，60 萬元用 60 期 0 利率分期付款的優惠；二是，買車即送 dyson 吹風機（價值 1 萬元）爲誘因。

六、服務策略（Service）

和泰汽車在全臺設有 165 個維修據點，方便客戶能就近找到維修點；另外，亦設有客戶服務中心專線，隨時接聽客戶的意見反映及協助解決。

另外，和泰汽車爲了給客戶更全方位的服務，成立了三個周邊公司，各自提供下列服務給客戶，分別爲：

1. 和泰產險公司：負責提供汽車保險事宜。
2. 和潤企業：負責提供汽車分期付款事宜。
3. 和運租車：負責提供在外租車事宜。

〔註 1：本段資料來源，取材自和泰汽車官方網站，並經大幅改寫而成。（www.hotai.com.tw）〕

〔註 2：本段資料來源，取材自和泰汽車官方網站。〕

問・題・研・討

1. 請討論和泰汽車的經營績效如何？
2. 請討論和泰汽車的產品、定價及通路策略為何？
3. 請討論和泰汽車的推廣宣傳策略為何？
4. 總結來說，從此個案中，您學到了什麼？

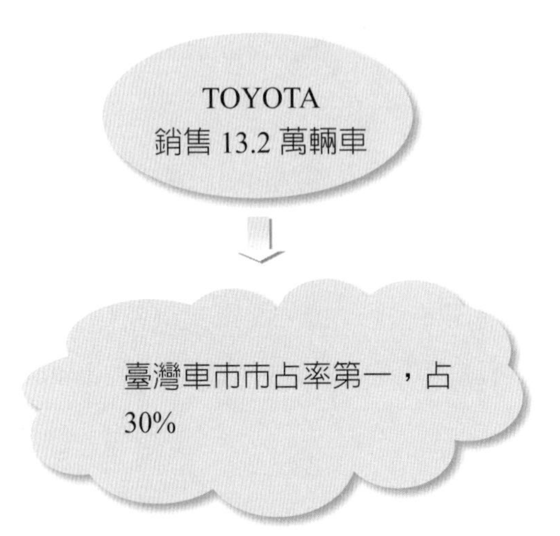

TOYOTA：市占率第一，占 30%

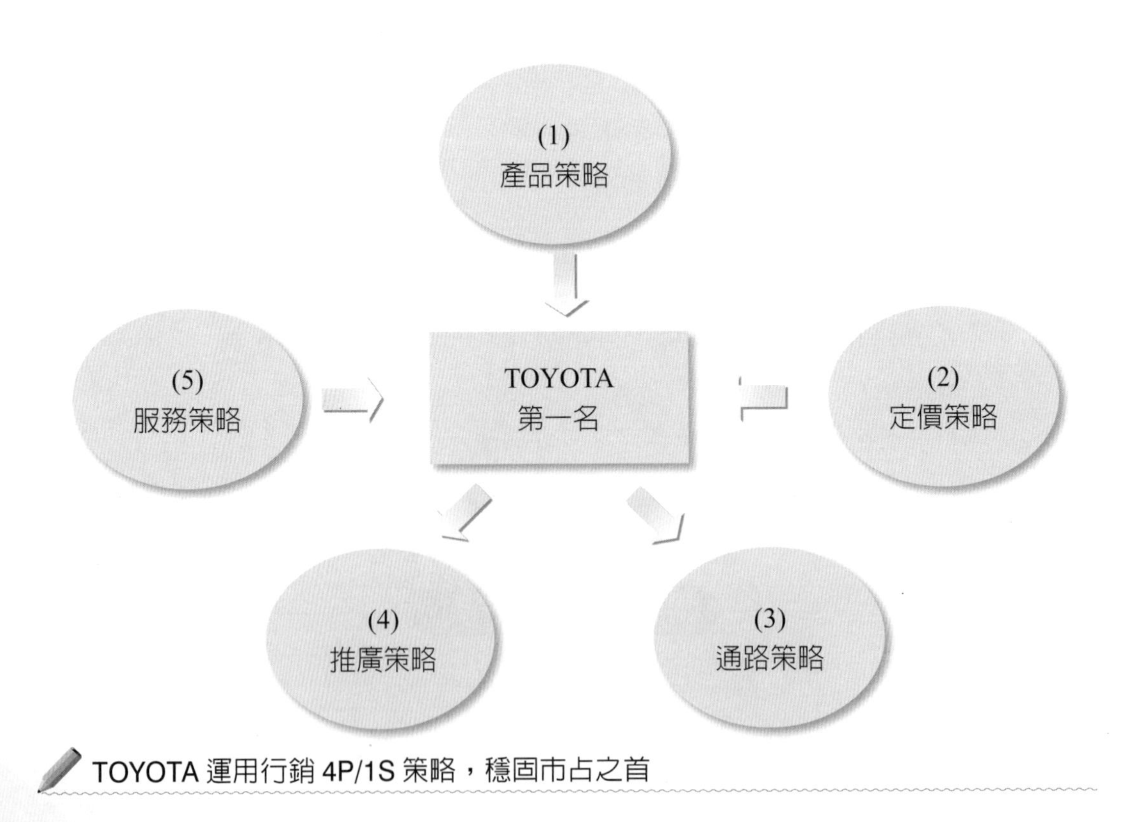

TOYOTA 運用行銷 4P/1S 策略，穩固市占之首

個案 7　花王 Bioré：國內保養品第一品牌的行銷策略

「花王 Bioré」是國內開架式保養品的第一品牌，領先露得清、專科、肌研、歐蕾、曼秀雷敦、高絲、DR. WU 等諸多品牌。國內百貨公司專櫃及藥妝店開架式保養品的一年產值超過 1,000 億元以上，是很大的市場。

一、產品策略

日本花王集團自 1887 年創業至今，已有一百三十多年歷史，日本花王的經營理念，就是經由創造革新性的技術，實現消費者與顧客的滿足，並帶給他們更豐富與更美好的人生（註 1）。

根據臺灣花王的官方網站，顯示花王 Bioré 品牌的產品品項大致有以下九類（註 2）：

1. 洗面乳（深層、抗痘）。
2. 卸妝油、卸妝乳。
3. 防曬乳。
4. 妙鼻貼。
5. 潔顏濕巾。
6. 沐浴乳。
7. 洗手乳。
8. 濕紙巾。
9. 排汗爽身乳。

花王 Bioré 品牌的保養品系列，可說是非常多元、齊全、完整，對保養品來說，可以一站購足的效果，因此，可以滿足消費者的需求。

二、定價策略

根據作者本人親自在屈臣氏觀看的結果，花王 Bioré 的每項產品定價，大約在 150～350 元之間，可以說非常平價；很適合上班族女性消費者的需求，也算是有很高的 CP 值。相對於百貨公司專櫃品牌平均價 1,000～3,000 元的保養品，差價是很大的。

三、通路策略

花王 Bioré 保養品的銷售通路，主要有以下四種：

1. 連鎖藥妝店、生活美妝店：例如：屈臣氏（500 店）、康是美（400 店）、寶雅（280 店）等，占 30% 銷售量。
2. 超市：例如：全聯（1,100 店）等，占 30% 銷售量。
3. 量販店：例如：家樂福、大潤發、愛買等，占 10% 銷售量。
4. 便利商店：例如：統一超商、全家、萊爾富、OK 等，占 20% 銷售量。
5. 此外，還有網購通路，例如：momo、蝦皮、PChome、雅虎奇摩等，占 10%。

四、推廣策略

花王 Bioré 品牌的推廣策略，主要有以下幾種：

1. 代言人：過去以來，花王 Bioré 保養品採用的代言人，包括：林依晨、楊丞琳、侯佩岑、彭于晏、孟耿如、周渝民、陳意涵、周湯豪及日本女性藝人等，這些都是一線 A 咖的高知名度且形象良好的藝人，足可為花王 Bioré 帶來有好感的品牌印象及高知名度。
2. 電視廣告：花王 Bioré 品牌投放在電視廣告的預算金額，每年大約有 6,000 萬元之多，其所產生的曝光率及聲量是非常足夠的。
3. 網路、社群、行動廣告：此外，對新媒體的投放，每年至少也在 2,000 萬元以上，例如：FB、IG、YouTube、LINE、Google、新聞網站、美妝網站、雅虎入口網站等，也都有投放廣告。
4. 品牌概念店：花王 Bioré 也在臺北市設立一家品牌概念店，足以彰顯品牌的氣度及影響力。
5. 體驗行銷：花王 Bioré 與屈臣氏合辦店內使用的體驗行銷活動，以吸引更多潛在顧客。
6. 此外，在公車廣告、影城廣告、捷運廣告等輔助媒體上，也會看到花王 Bioré 的品牌印象。

五、關鍵成功因素

花王 Bioré 在十多個保養品牌競爭中能夠脫穎而出，長期以來，保持第一品牌的領導地位，主要有下列七項關鍵成功要素，如下：

1. 平價、親民價格

花王 Bioré 在開架式保養品中，以非常平價、親民價格，深受年輕上班族群的高度喜愛及歡迎，實屬大眾化產品，此為關鍵成功要素之一。

2. 品質不錯，效果好

如果只是平價，但產品力不夠的話，產品也不能夠長銷；因此，花王 Bioré 產品具有不錯的品質與良好保養皮膚效果的產品力，這是它能長銷的基本支柱。花王集團在這方面的研發算是成功的。

3. 通路普及，方便購買

花王 Bioré 是第一品牌，因此在各大型連鎖通路中，都能順利上架，而且享有很好的陳列位置及足夠陳列空間，此種通路普及密布，對消費者自是十分方便購買的。

4. 產品系列多元、齊全，一站購足

花王 Bioré 有相當多元、齊全、完整的產品系列，具有一站購足的方便性。

5. 在地化成功

花王 Bioré 雖然是日本品牌，但是它在成分內容、功效等方面，都能因應臺灣地區的氣候及消費者膚質狀況而能機動調整與研發創新，在行銷方面也改為在地行銷，因此，在地化相當成功。

6. 滿足顧客需求，不斷求進步

花王 Bioré 的基本經營理念，就是一切從顧客的觀點及需求，思考如何加以充分的滿足其需求，而不斷追求更進步、更創新、更有效果的產品力。

7. 行銷宣傳成品

花王在日本是一家很會行銷的公司，不論是花王品牌或是 Bioré 品牌，在日本及臺灣都具有很好企業形象與品牌好印象，花王可以說是這方面的行銷高手。因

此，「好的產品力＋好的行銷力＝好的業績力」。

〔註1、註2：本段資料來源，取自臺灣花王官網，並經大幅改寫而成。（https://www.kao.com/tw/index.html）〕

(1)
連鎖藥妝店、
生活美妝店
（屈臣氏、康是美、
寶雅）

(2)
超市
（全聯）

(3)
量販店美妝專區
（家樂福、大潤發、
愛買）

(4)
便利商店
（7-11、全家、
萊爾富、OK）

(5)
網購通路
（momo、蝦皮、雅
虎、PChome）

臺灣花王 Bioré：五大銷售通路

(1)
平價、親民
價格

(2)
品質不錯，
效果好

(3)
通路普及，
方便購買

(4)
產品系列多元
化、齊全化

(5)
在地化
成功

(6)
滿足顧客需求，
不斷求進步

(7)
行銷宣傳
成功

臺灣花王 Bioré：七項關鍵成功因素

問・題・研・討

1. 請討論花王 Bioré 的產品策略及定價策略為何？
2. 請討論花王 Bioré 的通路策略為何？
3. 請討論花王 Bioré 的推廣策略為何？
4. 請討論花王 Bioré 成為第一品牌的關鍵成功因素為何？
5. 總結來說，從此個案中，您學到了什麼？

個案 8　麥當勞：國內第一大速食業行銷成功祕訣

麥當勞是全球第一大速食業，於 100 個國家設立 3.6 萬家門市店，在 2017 年 6 月，臺灣麥當勞將股權賣給臺灣本土的國賓集團，由它取得臺灣地區麥當勞的經營管理權。

一、通路策略

迄今爲止，臺灣麥當勞在臺灣成立有 400 家連鎖店，大部分爲直營店，少部分爲加盟店，目前居國內最大速食連鎖店，遙遙領先肯德基、摩斯漢堡及漢堡王等競爭對手。400 家連鎖店遍布在六大都會區，對消費者非常便利。

此外，除實體店面外，麥當勞也提供網路訂餐及電話訂餐二種方式，更是方便消費者訂購。

二、產品策略

麥當勞的產品策略，非常多元化，包括漢堡、飲料及咖啡三大品類。

根據該公司官網顯示，計有如下產品（註 1）：

1. 漢堡／主餐

(1) 蕈菇安格斯黑牛堡；(2) 辣脆雞腿堡；(3) 嫩煎雞腿堡；(4) 凱撒脆雞沙拉；(5) 大麥克；(6) 雙層牛肉吉事堡；(7) 吉事漢堡；(8) 麥香雞；(9) 麥克雞塊；(10) 麥香魚；(11) 陽光鱈魚；(12) 黃金起司豬排堡；(13) 黃金蝦堡；(14) 蘋果派；(15) 薯條；(16) 玉米濃湯。

2. 飲料

(1) 可口可樂；(2) 柳澄汁；(3) 冰紅茶；(4) 冰綠茶；(5) 雪碧；(6) 冰奶茶；(7) 冰淇淋。

3. 咖啡

(1) 義式咖啡；(2) 美式咖啡；(3) 摩卡咖啡；(4) 拿鐵咖啡；(5) 卡布奇諾咖啡。

從上述品項來看，麥當勞的產品非常豐富、多元、多樣、齊全，消費者可以有很多種選擇，顧客的需求也得到滿意及滿足。

三、定價策略

麥當勞的定價策略，含括低、中、高三種價位策略，適合一般上班族、兒童或家庭消費。大約而言，麥當勞的一餐消費金額，大致在 70～180 元之間，價位不算很高。因爲它是屬於速食類產品，價位必須在中等價位，消費者才會購買。

四、品質保證策略

麥當勞也屬於餐飲行業，因此必須特別注意食安問題與品質保證問題。麥當勞來臺三十多年來，並未出過太大的食安問題，這是難能可貴的。麥當勞內部有一套嚴謹的品質管理與品質保證的標準作業流程。總的來說，麥當勞嚴選供應商並有數百項的檢驗流程，主要堅持做到下列五大項（註 2）：

1. 精選全球食材。
2. 看見安心味道。
3. 吃出營養均衡。
4. 承諾產銷履歷。
5. 安心滿分保證。

五、推廣策略

臺灣麥當勞非常擅長於做行銷宣傳，每年投入至少 2 億元的巨大行銷預算，這種金額在業界是非常大的，至少在前十大廣告主之內。

綜合來說，臺灣麥當勞的推廣操作策略，主要有以下幾種：

1. 電視廣告投放：由於麥當勞的顧客群非常多元，有學生、有小孩、有媽媽、有上班族，有男有女，因此，電視廣告成了最適當的投放媒體，因爲電視的廣度夠，又有影音效果，所以，每年麥當勞至少花費 1 億元在電視廣告播放上。至於電視廣告片的創意訴求，主要以下列五項爲主要內容：
   (1) 訴求好吃的頂級牛肉。
   (2) 訴求如何做出好吃的漢堡，增加想吃的欲望。

(3) 訴求如何檢驗，為食安把關，增加信賴度。

(4) 訴求新開發產品上市宣傳。

(5) 訴求代言人上場的吸引力。

2. 網路、社群、行動廣告：除了電視廣告外，由於麥當勞的消費族群（TA, Target Audience），仍以年輕族群居多數，因此，廣告量也會下一部分比例在 FB、IG、YouTube、LINE、Google 等網路、社群及行動媒體上，希望達到傳統及數位媒體廣告的最大曝光量與品牌效果。

3. 促銷：麥當勞非常重視各式各樣的促銷活動，例如：早餐組合優惠價、麥當勞報報（APP）優惠券、點點卡的紅利集點，甚至買一送一的大型促銷活動。

4. 此外，在公車戶外廣告、新產品記者會等各種輔助推廣活動。

六、服務策略

麥當勞是服務業，也高度重視各種對消費者的服務，包括推出：(1)24 小時營業；(2) 得來速（開車取貨）；(3)24 小時歡樂送；(4) 網路訂餐；(5) 手機滿意度調查問卷等，都是讓消費者感到貼心與滿足的服務措施。

七、公益策略

臺灣麥當勞也於 1997 年成立「麥當勞叔叔之家慈善基金會」，推出多項對兒童關懷、對兒童友善醫療與健康的照顧活動，並廣徵志工參與。

八、關鍵成功因素

總結來說，臺灣麥當勞三十多年來，一直成為消費者簡單吃速食的首選，主要可歸納為以下六點的關鍵成功因素：

1. 產品系列多樣化、美味、不斷求新求變

麥當勞從早期的大麥克、麥克雞塊，發展到今天更多樣化與好吃的各式口味漢堡，此種求新求變、不斷豐富化的產品系列，為其成功因素之一。

2. 全國店數最多

麥當勞在全國有 400 家店，在大都會區算是普及的，因此，可以方便地看到麥當勞門市店，並買到它，不用走太遠，此爲成功因素之二。

3. 大量廣告投放與行銷宣傳成功

麥當勞年營收額夠大，因此每年有能力拿出 2 億元，在傳統媒體及數位新媒體大量投放廣告，廣告片的製作及創意很吸引人，因此，帶來不錯的曝光效果，鞏固了不少人對麥當勞的忠誠度與回購率效果，更是穩固每年的業績量。

4. 價位中等

麥當勞雖不是低價位，屬於中等價位，但大部分人覺得 CP 值（性價比）不錯，大家都買得起。

5. 最早進入市場

麥當勞在 1980 年代即進入臺灣市場，算是在三十多年前很早就投入臺灣速食市場，此種既有印象與早入優勢，也是它成功要素之一。

6. 品質良好，無食安事故

麥當勞非常重視食安問題，三十多年來，沒有發生牛肉或漢堡壞掉的食安問題，這也是麥當勞經營事業的嚴謹要求。

〔註 1、註 2：此段資料，取材自臺灣麥當勞官網，並經大幅改寫而成。（https://www.mcdonalds.com.tw）〕

問・題・研・討

1. 請討論麥當勞的通路、定價與產品策略為何？
2. 請討論麥當勞的推廣與服務策略為何？
3. 請討論麥當勞勝出的六大關鍵要素為何？
4. 總結來說，從此個案中，您學到了什麼？

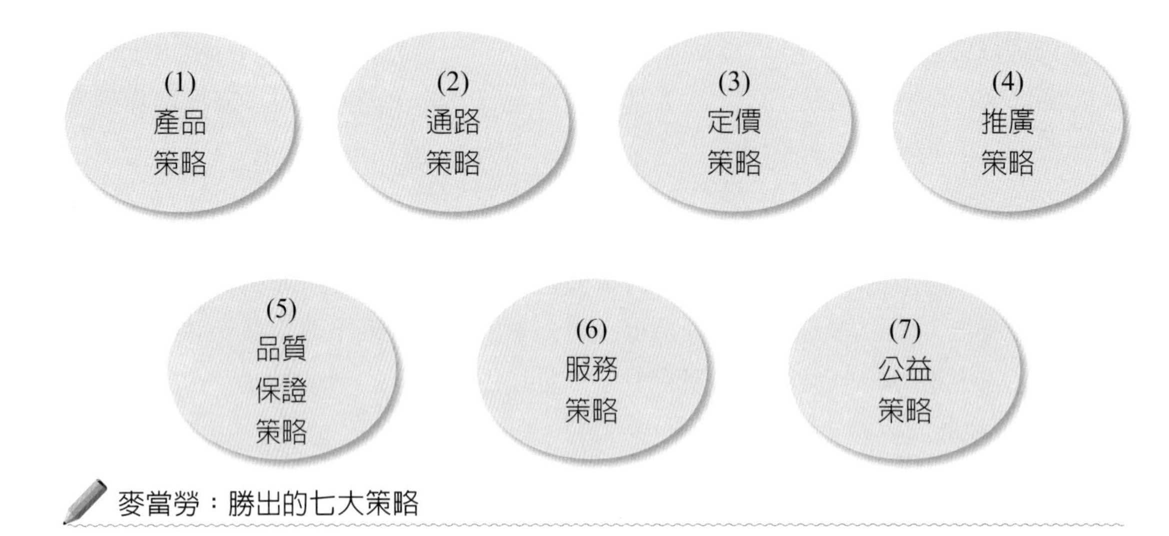

麥當勞：勝出的七大策略

麥當勞：勝出的六大關鍵要素

個案 9　統一星巴克：臺灣連鎖咖啡店領導品牌的行銷祕訣

統一星巴克成立於 1998 年，二十多年來已成為國內第一大咖啡店的連鎖品牌。2022 年營收達 105 億元，獲利 12 億元，獲利率達 12% 之高。

目前全臺星巴克已有 460 家之多，在都會區大致都可以看到星巴克的醒目招牌，這也是最好的廣告。

一、產品策略

統一星巴克在臺灣歷經二十多年的發展，在產品組合策略上，已呈現出產品組合完整、齊全、多元化的良好發展，對消費者而言，也帶來想吃什麼都有的高度便利性。

統一星巴克店內提供的產品系列，主要有六個種類：（註 1）

1. 咖啡系列：熱咖啡、冰咖啡均有。
2. 茶系列：紅茶、烏龍茶、奶茶均有。
3. 星冰樂：冰沙、冰淇淋均有。
4. 糕點麵包：各式蛋糕、麵包、三明治均有。
5. 禮盒：蛋糕禮盒、捲心酥禮盒均有。
6. 周邊商品：隨身瓶、馬克杯。

隨著產品系列的多元化與豐富化，來店消費的顧客也不斷增多，年營收也快速上升到 105 億元。這是它產品策略的成功。

二、定價策略

統一星巴克也跟全球各國星巴克一樣，採取的是高價位策略。主要各品項的定價區間，大致如下：

1. 咖啡：135～175 元。
2. 星冰樂：140～170 元。
3. 茶：140～150 元。
4. 果汁：80～100 元。

5. 蛋糕：70～120 元。
6. 麵包：50～70 元。
7. 三明治：100～150 元。

三、推廣策略

全球星巴克，包括統一星巴克，都很少做電視廣告來宣傳，它們最主要的推廣方式，大致如下幾項：

1. 買一送一活動

星巴克定價很少做打折活動，也從不降價；唯一的促銷優惠就是買一送一活動，總是引起店外大排長龍的消費群，近來亦有「買相同二杯，第二杯招待」的促銷手法。

2. 媒體公關報導

星巴克很少做廣告，但是自然就有平面或電子媒體來做專訪報導，這也可視爲一種自然曝光的宣傳效果。

3. 門市店招牌效果

統一星巴克全臺有 460 多家門市店，其店招牌星巴克加上英文 Starbucks 與 Logo 象徵標誌，其實就是一種很普及的路邊店的廣告宣傳效果。

4. 公益活動

全球及統一星巴克都是很重視在地化的公益活動，以善盡企業的社會責任，例如：各種兒童教育、原住民、弱勢族群、環保等關懷、救濟與贊助等活動均經常推行。公益活動其實也是在形塑良好的企業公民及企業形象，以帶來社會公眾的好評與好印象。

5. 咖啡同好會

統一星巴克在官網及官方粉絲頁上，有經營「咖啡同好會」，凝結愛喝咖啡的粉絲群們的友誼，鞏固他們的忠誠度。

四、成功關鍵因素

綜合來觀察，統一星巴克在臺灣發展快速且經營成功的主要關鍵因素，可以歸納以下七項要素：

1. 具全球性品牌的優勢

統一星巴克具有全球性第一大連鎖咖啡店的品牌知名度及企業形象度優勢，不必強打廣告，自然就能讓大家所熟知、接受或口碑相傳。

2. 定位清楚

統一星巴克定位在廣大上班族群與年輕族群除家裡與工作地點以外的喝咖啡最佳第三場所，是一個放鬆、舒適喝咖啡的好地方。

3. 競爭對手不多，遙遙領先

統一星巴克二十多年來，在臺灣並沒有眞正的強勁對手，過去有 85 度 C、壹咖啡、丹堤、西雅圖、伯朗等咖啡館競爭對手都遠遠落後星巴克。現今，比較強大崛起的路易莎有可能是統一星巴克的競爭對手，但統一星巴克仍是先入市場（Pre-Market）具優勢的領先者。

4. 產品系列多元且完整

最早期的統一星巴克僅僅是提供喝咖啡的地方，後來這二十多年下來，增加了更多元且完整的產品系列，這也吸引更多不同需求的顧客，並增加了多元的營收來源。

5. 價格雖高，但仍可接受

統一星巴克一杯咖啡雖然爲 135～175 元，與統一超商 CITY CAFE 的 45 元一杯相較高出許多，但顧客畢竟不是每天都到星巴克喝咖啡，只是談事情、有約會或偶爾才去，因此，價格雖高但仍可接受。

6. 高品質服務

統一星巴克的門市店服務人員都是訓練有素的年輕人，其服務水準高，也算是有服務口碑。

7. 媒體正面報導多，口碑佳

統一星巴克很少做電視廣告，但整體營運情況不錯，也很少出差錯，因此，各種媒體也經常給予正面報導，獲致大家的好口碑。

（註 1：此段資料取材自統一星巴克官方網站，並經大幅改寫而成。）

統一星巴克：成功關鍵的七因素

問・題・研・討

1. 請討論統一星巴克的公司簡介及經營績效如何？
2. 請討論統一星巴克的產品策略及定價策略。
3. 請討論統一星巴克的推廣策略。
4. 請討論統一星巴克的成功關鍵因素為何？
5. 總結來說，從此個案中，您學到了什麼？

個案 10　林鳳營鮮奶：頂新事件後的行銷策略

一、引言

2014 年頂新公司發生假油事件，引起食安問題及重大社會議論。頂新公司背後魏姓老闆，也恰是味全公司老闆，因此，味全旗下品牌也因此受到抵制、拒買的風波，味全旗下林鳳營鮮奶也受到嚴重波及，市占率從第一名，跌至第四名，營收額從 60 億元掉至 30 億元，減少一半之多。本個案專訪負責味全林鳳營的品牌經理，了解滅頂事件後，林鳳營鮮奶的行銷策略。

二、價格策略（降價）

行銷企劃部經理表示：「P 價格（Price）在以前而言是中高價位，因為設定最高端的顧客為行銷對象，才會定高價位策略，後來事件發生，採行了一些促銷價，因為銷量不到位，虧損會更大，所以價格策略是採促銷價格法，它會拉一些量回來，大致上，價格策略上，因為每個通路價格不太一樣，比如全聯是一個系統，量販又是一個系統，超市又是一個系統，大約賺 20%，例如：零售商零售價 70 元，它要賺 14 元，所以營業所只拿回 56 元。因為每個通路的合約並不相同，以各個進貨量為條件，大致上是如此。」

基於長期以來，林鳳營鮮乳採低價促銷策略回饋消費者，以拉回提升消費者購買意願為目的，經實地訪查量販賣場（以愛買為例）鮮乳銷售價格情形，發現林鳳營鮮乳價格明顯低於瑞穗、光泉、義美、福樂等同業價格行情，林鳳營鮮乳最高折價率 78.66%，其他同行則為瑞穗 93.30%、光泉 84.00%、義美 85.87%、福樂 88.37%。另外，便利商店（以全家、OK 為例）除林鳳營鮮乳折價促銷外，其他廠牌則均不做促銷。

三、通路策略

行銷企劃部經理表示：「通路（Place）主要地區銷售為營業所，如果屬偏遠地區，則透過經銷商銷售。通路的結構，都會區是營業所，鄉鎮就透過經銷商，讓他們去負責鋪貨、送貨、上架等，而林鳳營占比在經銷及公司配送占比為 8：2，應該說都會區的客戶比較多。配送的八成到了零售店，主力的經銷形態是全聯及量販；超市第一，量販第二，便利商店第三，其他的就是一些雜貨店，通路策略大致如此。」

林鳳營通路占比

通路	全聯	量販	便利商店	超市	其他（外食、學校）
占比	25%	20%	15%	20%	20%

四、推廣策略

行銷企劃部經理表示：「林鳳營下面有兩個生產線，鮮乳（家庭號、一般及個人）及優酪乳，各產品規格及型號，於官網均可查詢。4P 策略何者重要？這要分不同階段而言，不同的階段所注重的 4P 就會不一樣，例如：林鳳營鮮乳剛開始的通路就很重要，而現在推廣比較重要，因爲在品牌成熟期，著重的就是 Promotion（推廣、促銷），不單只是促銷，就是一些品牌上的投資，那才是成熟品牌上投資的一個重點，因爲通路已確定，價格也都清楚，品質上，我們把鮮乳都定位在高品質濃純香，所以走到後來，會在 Promotion 做一些變化和調整。」

經理另表示：「林鳳營鮮乳推廣對象以家庭主婦居多，30 至 49 歲女男比爲 6：4。年紀稍長的顧客，是主要對象。推廣手法都差不多，現在都走向品牌修復、食安、認證、高品質的確保保證等，這兩年的廣告策略也不太一樣，除了代言人的差異之外，這兩年的訴求『牛奶讓你強大』，我們不再講產品面本身、不講功能，而是講比較情感性的利益，比如去年第一支廣告『牛奶讓你強大』是小朋友在跑，強調再困難也不要忘記笑，這是我們希望透過一些情感性的訴求，以前講的是功能性的，現在講的是行銷對象情感上的觸動，由心理面去接受品牌。而我們最近的廣告『別停』，我們套入一些比如說勇氣、品性等。所以未來對策，最重要的是趕快找代言人，對品牌的效果會更好。推廣方面的手法大致是這樣。」

五、年度行銷預算及配置

行銷企劃部經理表示：「主要是以電視廣告爲主，大概占七成，然後電商數位部分大概占三成，例如：手機、YouTube、雅虎上面的幾乎都有，這跟以前比較不一樣，在 2012 年以前，智慧型手機沒有那麼發達，電視廣告大概占 95% 以上，剩下 5% 是平面的，因爲那時候平面雜誌，大家還會翻閱，現在大家幾乎都是電子書之類的。基本上，我們現在數位比重提高很多，其效果要看目的是什麼，如果說只是純粹廣告影音的投遞，例如：你在手機 YouTube、雅虎滑一滑就會出現廣告。另外，我們現在努力推內容行銷這方面，不只是影片本身的內容，我們希望透過影片帶出議題，讓消費者有話題，因爲基本上，企業要跟消費者互動，這樣才是比較全面性的媒體投資。」

經理另表示：「其他體驗行銷、贊助行銷，光電視廣告及網路行銷預算就有 4,000 萬，媒體占四成。媒體的占比之中，70% 傳統媒體，30% 數位媒體。現在競爭對手按排名順序：1. 統一瑞穗，2. 光泉，3. 福樂一番鮮，4. 義美。」

林鳳營行銷預算與配置

預算項目	電視廣告	通路促銷	網路行銷	其他	合計
金額	2,600 萬元	2,000 萬元	1,400 萬元	600 萬元	6,600 萬元
占比	40%	30%	20%	10%	100%

六、行銷績效

根據最新的市場訊息顯示，林鳳營 2022 年已回升爲國內鮮奶第一品牌。

1. 市占率：23.6%。
2. 年度營收額：約 35 億元。
3. 品牌地位：目前回穩至市場第一品牌。
4. 品牌知名度：90% 以上。
5. 顧客滿意度：80%。

味全再造林鳳營鮮乳品牌整合行銷策略成功之關鍵因素

(1) 全力推展食安策略，建立消費者信心，深耕品牌之根本

(2) 推展強大之產品為核心支撐

(3) 深入學生、消費群溝通互動，加深了解鮮乳產製流程

(4) 廣告情感力訴求行銷策略成功

(5) 積極拓展通路脈動功能，發揮通路力

(6) 長期低價促銷回饋消費者，拉回原來客戶購買力

(7) 內外部組織團隊合作成功

問·題·研·討

1. 請討論林鳳營鮮奶在頂新事件後的價格策略及推廣策略為何？
2. 請討論林鳳營鮮奶的年度行銷預算額及配置為何？
3. 請討論林鳳營鮮奶的行銷績效為何？
4. 總結來說，從此個案中，您學到了什麼？

 個案 11　象印：臺灣小家電的領導品牌

一、象印的產品系列

根據象印公司的官方網站顯示，象印有非常完整的小家電系列，包括：電子鍋、熱水瓶、製麵包機、保溫杯瓶、調理商品、便當／燜燒杯、童用商品及營業商品。（註 1）

二、象印的行銷操作

象印在臺灣市場的行銷操作可以說是非常成功，且塑造了堅強的品牌形象、知名度與好感度。象印的行銷作爲，主要有以下幾項：

1. 代言人行銷

最有名的，即是找民視一姐陳美鳳作爲象印的代言人，獲得很多好評及粉絲的喜愛。另外也找了藝人莫允雯來代言保溫杯瓶。

2. 新商品發表會

象印只要有引進日本最新商品在臺上市，即會隆重舉行新商品發表會，然後透過各媒體報導露出，可以很快打響此項新商品，有利銷售。

3. 體驗行銷

象印設有專門的廚藝教室可供消費者體驗；又請陳美鳳當代言人，在百貨公司專櫃做一日店長活動。

4. 節慶促銷

象印經常會在重要的節慶，舉辦促銷活動，例如：母親節、週年慶、年中慶、春節等節日舉辦優惠價格或加送贈品活動，以吸引買氣。

5. 公益行銷

台象公司致力於社會關懷的實踐，每年均推行粉紅絲帶的婦女關懷活動，主動提撥部分商品銷售全額作爲女性同胞乳癌防治基金。同時對社會弱勢的關注也不遺餘力，多次捐贈公司產品給各公益團體；另外，對環保議題的關注與支持更是領先

同業。

6. 媒體報導露出

象印品牌在電視、報紙、雜誌、網路等各媒體的露出也經常可見到，此等對象印品牌形象的提升，大有助益。

三、快速周到的服務

根據臺灣象印公司官方網站顯示，象印每週一至週五早上 9 點到下午 6 點，在客服中心均有專線專人接聽服務；另外，在臺北市長安東路也設立「客戶服務中心」。（註 2）

四、六大關鍵成功因素

總結來說，象印在小家電的市占率已躍居第一位，成爲國內小家電的領導品牌，尤其在電子鍋、熱水瓶、隨身瓶等都是非常熱門的產品。象印在臺灣市場的成功，可歸納爲下列六點：

1. 持續技術創新

象印日本總公司研發部有幾百位研發技術人員，不斷尋求小家電的各種技術創新，使新產品愈來愈好。

2. 堅持高品質

象印的產品都在日本製造，並堅持高品質、高質感、高耐用度等訴求，受到好口碑。

3. 用心服務

象印不只是把產品賣出去而已，更是對售後服務做到用心、貼心、快速，提高顧客滿意度。

4. 銷售據點綿密

象印全臺有 200 多個銷售據點，大多遍布在百貨公司、購物中心、量販店、3C 賣場及各縣市經銷店面等，讓顧客方便購買。

5. 品牌形象及信賴度高

象印在日本有第一名市占率的電子鍋及熱水瓶，在日本及臺灣都享有極高的品牌好形象及信賴度、忠誠度；這對象印的銷售成果也帶來好效益。

6. 行銷成功

如前所述，象印在臺灣的行銷是非常成功的，雖然象印並不太打電視廣告，但它高度運用代言人宣傳及舉辦多場體驗活動，使象印在消費者心目中，留下好印象與高的回購率，創下好業績。

（註 1、註 2：取材自臺灣象印公司官方網站，並經改寫而成。）

問・題・研・討

1. 請簡介臺灣象印公司。
2. 請討論象印的行銷操作有哪些？
3. 請討論象印六大關鍵成功因素為何？
4. 總結來說，從此個案中，您學到了什麼？

(1) 代言人行銷（陳美鳳）

(2) 新商品發表會

(3) 體驗行銷

(4) 節慶促銷

(5) 公益行銷

(6) 媒體報導露出

象印：六大成功行銷操作

(1) 持續技術創新

(2) 堅持高品質

(3) 用心服務

(4) 銷售據點綿密

(5) 品牌形象及信賴度高

(6) 行銷成功

象印：經營成功的六大要素

個案 12　桂格：國內燕麥片第一品牌的成功經營祕訣

一、企業簡介

桂格品牌是屬於臺灣佳格食品公司，該公司成立於 1986 年，已有三十多年歷史，主要以大燕麥片爲主力產品，並發展出周邊許多品牌及商品，爲國內知名消費品公司，且爲上市公司。該公司 2022 年度的合併營收約爲 270 億元，稅前獲利 28 億元，獲利率爲 12%，利潤不錯。此營收額在國內僅次於統一企業，是國內第二大食品飲料公司。

二、多品牌策略及主力產品系列

根據佳格公司的官方網站顯示，佳格食品公司旗下主要有六大品牌策略，分別爲：(1) 桂格，(2) 得意的一天，(3) 天地合補，(4) 曼陀珠，(5) 福樂，(6) 加倍佳。

而這些品牌下的主要產品系列，包括有：桂格燕麥片、桂格活靈芝、桂格養氣人蔘、桂格完膳營養素、桂格紅麴燕麥、桂格高鐵高鈣奶粉、桂格燕麥飲、桂格滴雞精、桂格穀珍、桂格幼兒成長奶粉、穀穀樂、桂格燕麥麵、桂格脫脂奶粉及天地合補等。（註 1）

三、綿密的行銷通路據點

佳格公司的產品是屬於一般消費品，因此，上架在國內各大連鎖零售通路，最主要的商品包括：

1. 超市：全聯（1,100 個據點）。
2. 量販店：家樂福（350 個據點）、大潤發（25 個據點）、愛買（15 個據點）。
3. 便利商店：統一超商（6,600 個據點）、全家（4,100 個據點）。

此外，除了實體零售據點外，桂格產品也上架網購通路，包括前四大網購公司：momo、PChome、雅虎購物、蝦皮購物等。

這些虛實並進且無所不在通路，可以說非常便利消費者去購買桂格產品。

四、以代言人為主軸的行銷策略

桂格產品的廣宣，主要都是以代言人爲主的電視廣告片宣傳。長久以來曾擔任過桂格代言人的藝人，包括有：林心如、謝震武、白冰冰、吳念眞、徐若瑄、Ella 陳嘉樺、李李仁、隋棠、陳昭榮、吳慷仁、林俊傑等十多人。

適當的代言人，可爲桂格產品的品牌知名度、喜愛度、認同度等帶來正確有利的助益。桂格產品系列，每年投入在電視廣告的播放量高達 3 億元之多，可說是少數大量投入廣宣的廠商之一。從事後效益來看，桂格品牌的代言人行銷算是成功的。效益的指標係是：桂格品牌力及業績力的雙雙提升。

五、關鍵成功因素

桂格近些年來快速的成長，其成功的關鍵因素，主要有：

1. 多品牌策略成功

佳格公司旗下有：桂格、得意的一天、天地合補、福樂、曼陀珠、加倍佳等六大品牌，每個品牌都經營得不錯，又以桂格品牌占最大比例。多品牌策略使佳格公司能有效的擴張事業版圖並爭取到最多數的目標客群。

2. 食品研發力強大

佳格公司背後有強大的研發人才團隊，所以能夠每年都推出精良優質的好產品，而且沒發生過食安問題。

3. 通路布置成功

佳格產品由於廣告量大，而且賣得不錯，因此，受到廣大零售通路的喜好，上架都能得到好的區塊及陳列位置空間，這對銷售也帶來助益。

4. 電視廣宣成功

佳格公司也可以說是擅長於做行銷的公司，它每則廣告有良好的製作創意及品質，再加上代言人的吸引力，使得它在電視廣宣上的力道非常成功，對品牌力的影響，也有很大助益。

5. 品牌力堅固

佳格公司每年投入 3 億元廣告費，十多年來，已經投入 30 多億元的廣宣費用，這對品牌力的鞏固及提升，自然助益很大。

6. 產品線完整齊全

佳格公司目前在市場上銷售良好的產品暨品牌，計有二十多個，如此的產品線完整齊全，也是它成功的因素之一。

（註 1：取材自佳格公司官方網站，並經改寫而成。）

問・題・研・討

1. 請討論佳格公司的簡介及其經營績效如何？
2. 請討論佳格公司有哪六大品牌及其產品系列？
3. 請討論佳格公司的行銷通路據點有哪些？
4. 請討論佳格公司的行銷策略主軸為何？
5. 請討論佳格公司成功的關鍵因素為何？
6. 總結來說，從此個案中，您學到了什麼？

桂格：主力產品

桂格：六大關鍵成功因素

個案 13　御茶園：茶飲料第三名的成功行銷策略

御茶園是臺中維他露公司旗下的茶飲料品牌，此品牌上市已有十多年，目前在茶飲料市場的市占率為第三名，表現不凡。

以下介紹它的行銷 4P 策略：

一、產品策略

根據御茶園官方網站顯示，御茶園品牌的系列產品，非常完整，包括：日式無糖綠茶、無糖紅茶、奶茶、烏龍茶、生茶及冰釀綠茶（微甜）等；可供不同偏好的消費者有所選擇。（註 1）

二、通路策略

御茶園在通路布置方面，由於是強勢品牌，因此主要茶飲料銷售通路，都可以看到御茶園品牌的影子。

御茶園主要銷售的零售通路據點，如下：

1. 便利商店：主要為國內四大超商，即 7-11、全家、萊爾富、OK 等，大約有 1.2 萬個門市店據點；此部分銷售量占御茶園全部的 60% 之高，是最重要的銷售通路。
2. 超市：主要為國內二大超市，即全聯、美廉社等，合計大約有 1,900 個門市店據點；此部分銷售量占全部的 20%，是次重要的銷售通路。
3. 量販店：主要為國內三大量販店，即家樂福、大潤發、愛買等，大約有 380 個據點，此部分占全部的 10% 銷售量。
4. 網購：最後第四個零售通路為網購，即 momo、PChome、雅虎、蝦皮等四大網購；此部分占全部的 10% 銷售量。

三、定價策略

由於茶飲料為一般性日常消費品，其產品策略呈現不易有很大的獨特性或差異化表現，因此，在定價上面，大致均採取與市場的平均價格一致，亦即平價策略。每瓶在便利商店的零售價大約均在 20～25 元左右，超市及量販店的價格則稍微低一些，網購價格也會稍低。因此，在茶飲料十多個品牌的高度性競爭中，茶飲料的定價策略很難有所突破。

四、推廣策略

茶飲料在產品定價、通路策略很難有高度的特色化及差異化展現；因此，只有在推廣及廣宣方面力求突破。

御茶園的推廣策略，主要表現有以下幾種：

1. 代言人行銷

御茶園的廣告策略與統一企業茶飲料表現不同，統一企業大致均採素人廣告；而御茶園則找知名藝人做代言。過去曾經找過徐若瑄、周渝民、吳念眞、邱澤等人，2019 年夏天，則斥資重金請國際級天王金城武做代言人，並到泰國祕境北碧風景區取景；此支電視廣告片的 Slogan（廣告金句）爲「STAY in NATURE」（自然・回甘），彰顯第一口就回甘的優質好茶。2021 年亦推出新產品「研磨綠茶」，找來代言人 AKIRA（林志玲夫婿），來搖出臺灣茶香。

2. 大量電視廣告曝光

此外，御茶園金城武代言的這支廣告片，投入 4,000 萬預算在電視廣告播放上，播出期間從 4 月到 8 月，在夏日的飲料旺季強打這支重量級代言人電視廣告，訴求高度曝光聲量。

3. 網路影音廣告曝光

除了電視廣告播出外，御茶園也在年輕人較常點閱的網路平臺去播放這支廣告片，包括 YouTube 廣告、FB 廣告、IG 廣告、官網廣告、粉絲團等。

4. 新品記者會

御茶園凡是有產品上市，都會大規模舉辦新品上市記者會，廣邀各界媒體來採訪及報導，以加速提升新產品知名度。

5. 促銷

另外，御茶園每年夏季也會舉辦一次大抽獎的促銷活動；並且也會配合大賣場、超市、便利商店的各種促銷規劃安排，以吸引消費者前來購買。

6. 戶外廣告

御茶園的廣告宣傳除了以電視廣告爲主體外，也會搭配戶外的公車廣告及臺北捷運廣告爲輔助宣傳媒體，以吸引每天數百萬搭乘交通工具的年輕上班族群。

五、結語

近二十年來，御茶園已成爲國內茶飲料品牌中的知名品牌及喜好品牌，市占率也維持在前段班；2019 年找重量級巨星金城武代言，可望能爲御茶園的品牌資產再累積更豐沛的銷量，並對實際銷售量的成長拉動，帶來正面的效益。

（註 1：產品資料來源，取材自御茶園官方網站，並經改寫而成。）

問・題・研・討

1. 請討論御茶園的公司背景簡介為何？
2. 請討論御茶園的市占率及營收額為多少？
3. 請討論御茶園的產品策略及定價策略為何？
4. 請討論御茶園的通路策略為何？
5. 請討論御茶園的推廣策略為何？
6. 總結來說，從此個案中，您學到了什麼？

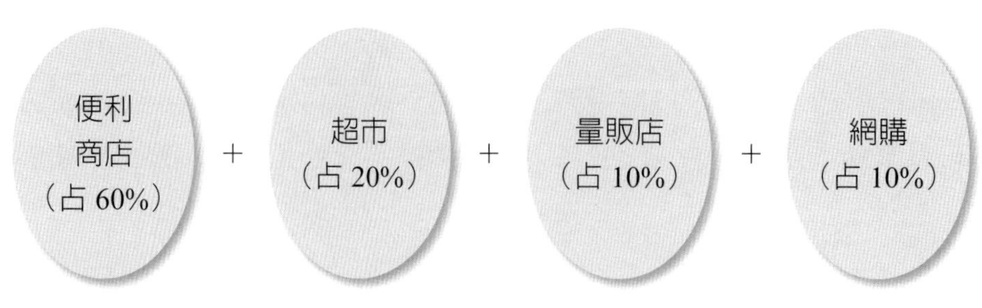

御茶園：通路銷售量占比

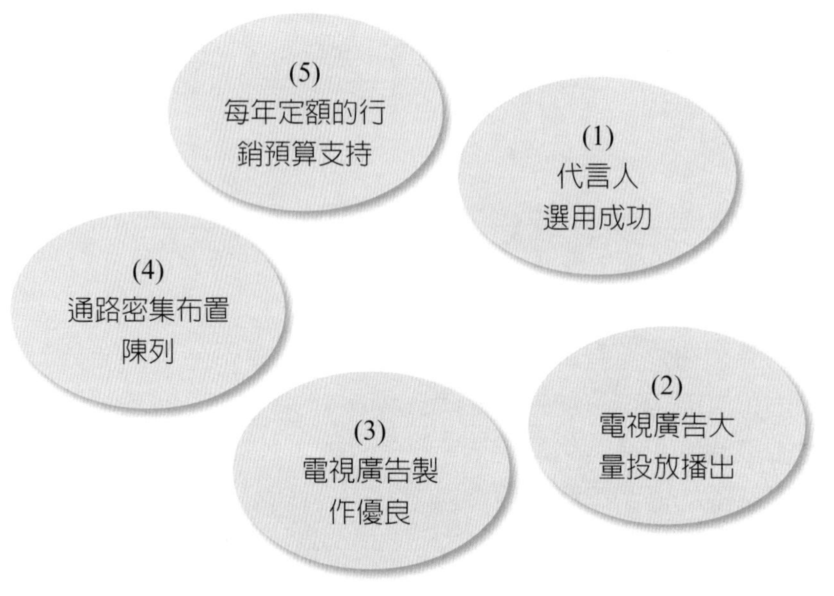

御茶園：行銷成功的五大因素

 個案 14　安怡奶粉：行銷 4P 策略分析

一、目標消費客層

安怡奶粉主要的目標消費客群是以中老年人爲對象，他們希望透過安怡奶粉強壯骨骼，以使到老行走都很健康。

二、市占率第三

安怡奶粉的市占率目前位居第三名；國內前四大成人奶粉品牌，依序爲：克寧（第一）、桂格（第二）、安怡（第三）、豐力富（第四）。

三、產品策略

安怡奶粉的產品系列，主要有安怡高鈣奶粉、長青奶粉及關鍵奶粉三種。

四、通路策略

安怡奶粉的銷售通路，主要有下列四種管道：

1. 超市：主要上架的超市，以全聯 1,100 家門市店爲主要；超市占全部營收 50%。
2. 量販店：主要上架的量販店，以家樂福、大潤發、愛買三家爲主，計有 380 多個據點。量販店占比爲 30%。
3. 連鎖藥局：包括大樹、丁丁等，占比爲 10%。
4. 網購：占比亦爲 10%，包括：momo、雅虎奇摩、PChome、蝦皮購物、樂天等網購公司。

五、定價策略

安怡奶粉採取中高價位策略，750g 的每罐價格約在 350～390 元之間；1kg 的每罐價格約在 730～750 元之間。

此價格與克寧、桂格前二大品牌差不多，並沒有比較高，可以說是跟隨領先品牌的定價法。

六、推廣策略

安怡奶粉的推廣策略，大致有：

1. 代言人及電視廣告

過去幾年來，安怡奶粉的歷屆代言人有以下知名藝人：梁詠琪、楊紫瓊、賈永婕及張鈞甯等四人，表現出色，能充分表達出安怡奶粉保健骨骼的健康特色。

搭配代言人的電視廣告播放，也是推廣的重點；由於安怡奶粉的 TA（銷售對象，Target Audience）都是中老年人居多，因此，電視媒體廣告是非常合適的品牌宣傳管道，效果也不錯。

2. 大型活動舉辦

安怡奶粉每年都會舉辦一次：「安怡超敢動，骨骼健康齊步走」的大型戶外運動，吸引不少重視骨骼的消費者參加快走活動。

3. 促銷活動

安怡奶粉也會配合各式大賣場所做的各種節慶促銷活動，例如：年終慶、年中慶、奶粉品牌月、春節、母親節等節慶的優惠活動。

4. 其他

另外，重要的記者會、臉書粉絲頁經營、抽獎活動等也含括在內。

問・題・研・討

1. 請討論安怡奶粉的目標消費客群及市占率為何？
2. 請討論安怡奶粉的定價策略及產品策略為何？
3. 請討論安怡奶粉的通路策略及推廣策略為何？
4. 總結來說，從此個案中，您學到了什麼？

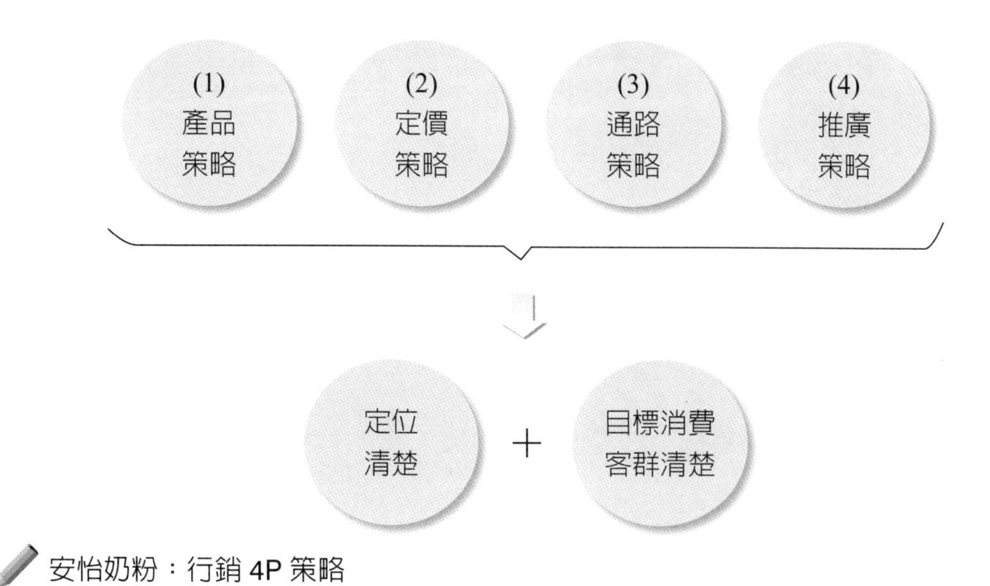

安怡奶粉：行銷 4P 策略

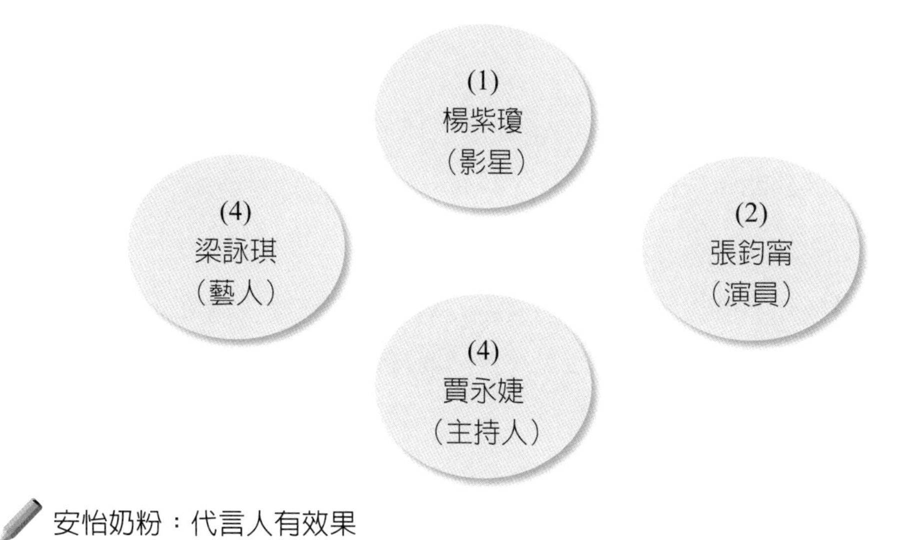

安怡奶粉：代言人有效果

 個案 15　屈臣氏：在臺成功經營的關鍵因素

屈臣氏美妝連鎖店係香港公司，也是亞洲第一大美妝連鎖店，1987 年正式來臺設立公司並開始展店，目前全臺總店數已超過 500 家店，是全臺第一大，領先第二名的康是美連鎖店。

一、屈臣氏的行銷策略

屈臣氏有靈活的行銷呈現，行銷活動的成功，帶動了業績銷售上升，屈臣氏的行銷策略主要有五大項：

1. 高頻率促銷活動

屈臣氏幾乎每個月、每雙週就會推出各式各樣的促銷活動，主要有：多一元，加一件；買一送一；滿千送百、全面八折等吸引人的優惠活動。這些優惠活動主要得力於供貨商的高度配合。

2. 強大電視廣告播放

屈臣氏每年至少提撥 6,000 萬元的電視廣告播放，以保證屈臣氏品牌的印象度、好感度、忠誠度都能保持在高水準。

3. 代言人

屈臣氏也經常找知名藝人，搭配電視廣告的播放。過去曾找過曾之喬、羅志祥等人做代言人，近幾年則是由藝人謝佳見、曾之喬爲系列代言，代言效果良好。

4. 網路廣告

屈臣氏也在 FB、YouTube 等播放影音廣告及橫幅廣告，以顧及年輕上班族群的目擊。

5. 寵 i 卡

屈臣氏發行的紅利集點卡，目前已累積到 600 萬會員人數，寵 i 卡也經常利用點數加倍送的作法，以吸引顧客回購率提升。

二、屈臣氏的成功關鍵因素

總結來說，屈臣氏的成功關鍵因素，主要有下列：

1. 品項齊全且多元

屈臣氏門市店的總品項達一萬個，可說品類、品項齊全且多元、多樣，消費者的彩妝、保養品需求，可在門市店裡得到一站滿足。

2. 商品優質

屈臣氏店內陳列的商品，大都是有品質保證的知名品牌，這些中大型品牌都比較能確保商品的優質感，出問題的機率也較低。當然，屈臣氏內部商品採購部門也有一套審核控管的機制。

3. 價格合理（平價）

屈臣氏的價格並不強調是非常的低價，但已接近是平價；因爲屈臣氏有 500 多家連鎖店，具有規模經濟效益，因此可以較低價進貨，以親民的平價上市陳列。

4. 經常有促銷檔期

屈臣氏的特色之一，即是每月經常會推出各式各樣的優惠折扣或買一送一、滿千送百等檔期活動，有效帶動買氣，拉升業績。

5. 店數多且普及

屈臣氏有 500 多家門市店，是美妝連鎖業者中的第一名，店多且普及，也帶給消費者購物的方便性。

6. 品牌形象良好，且具高知名度

屈臣氏具有相當高的知名度，企業形象及品牌形象也都不錯，有助它長期永續經營及顧客會員回購率提升。

屈臣氏：七大成功關鍵因素

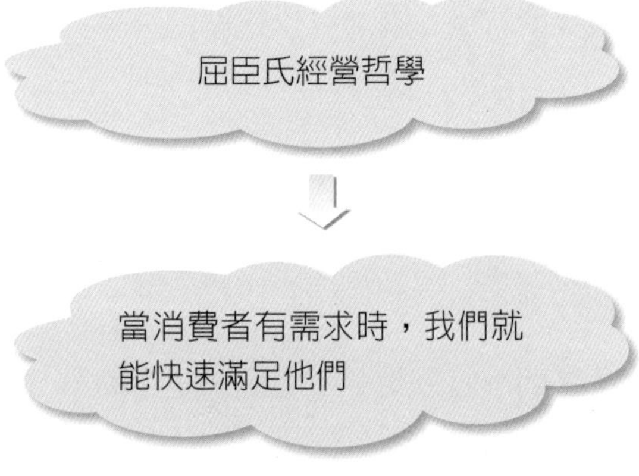

屈臣氏：快速滿足消費者

問·題·研·討

1. 請討論屈臣氏的行銷策略為何？
2. 請討論屈臣氏的關鍵成功因素為何？
3. 總結來說，從此個案中，您學到了什麼？

個案 16　優衣庫：在臺成功經營的心法

日本優衣庫（Uniqlo）是日本第一大平價國民服飾的產銷一條龍公司，目前爲全球第三大服飾公司，僅次於西班牙的 Zara 及瑞典的 H&M 公司。

日本優衣庫 2022 年的全球年營收額達到 5,500 億臺幣，獲利約 550 億臺幣，獲利率爲 10%。

優衣庫來臺已有十多年，經營算是成功的。

一、優衣庫的行銷策略分析

1. 產品策略

優衣庫的產品策略，以設計出大眾式服裝滿足大眾的需求。它的 T 恤、保暖發熱衣、羽絨外套、夏天涼感衣、牛仔褲等，都是非常受歡迎的款式。以年輕人及上班族爲主要銷售對象。

2. 價格策略

優衣庫產品的定價，都是非常親民及大眾化，一般的產品都在 300～1,500 元左右，最貴的不會超過 4,000 元，而且經常有感謝祭的促銷折價優惠。優衣庫可說是國民服飾的親民價格代表。

3. 通路策略

優衣庫在全球有 3,500 家直營門市店，在臺灣也有 70 家門市店，主要分布在全臺六大都會區，消費者要購買優衣庫商品也很方便。優衣庫的每家門市店都是較大坪數，陳列也很吸引人，服務水準也不錯。

4. 推廣策略

優衣庫推廣宣傳策略，非常多元化，而且利用整合行銷手法，使得推廣促進銷售效果達到最好：

(1) 代言人

優衣庫曾經選擇藝人桂綸鎂、周渝民、侯佩岑等作爲代言人，希望拉抬優衣庫品牌的喜愛感及忠誠度，效果不錯。

(2) 感謝祭促銷

優衣庫在各大節慶，也會推出感謝祭促銷優惠價格；有效集客，拉升業績。

(3) 電視廣告

早期優衣庫以形象及代言人廣告方式為主，現在則以主打產品廣告方式為主；電視廣告是一目的，也是在維持優衣庫的品牌曝光聲量。

(4) 戶外廣告

優衣庫也經常運用北市捷運、公車及大型看板做戶外廣告宣傳，使品牌曝光度達到鋪天蓋地的目標。

(5) 網路行銷

優衣庫也設立網路商店，作為網路（線上）訂購，方便顧客；此外，也專注 FB 及 IG 粉絲團經營，養成忠誠的粉絲會員。另外，也有一些行銷預算，用在 FB 臉書廣告上，以觸及年輕的消費族群。

(6) 媒體報導

優衣庫也透過公關公司的協助，儘量將各種官方新聞稿曝光在平面媒體的報導上，達到線上與線下媒體均可見到優衣庫的新聞報導及品牌露出。

二、優衣庫的關鍵成功因素

總結來說，優衣庫在臺灣的經營成功，可歸納為下列五點因素：

1. 落實顧客導向。能做出顧客想要的物美價廉平價服飾。
2. 在地化成功。優衣庫在臺灣的經營，不管在用人、商品開發、行銷宣傳、廣告製拍、促銷活動等，都完全的在地化、本土化。
3. 定位成功。優衣庫定位為平價的國民服飾，並以 20～40 歲消費族群為主要顧客，可說定位非常清楚。
4. 貫徹高品質宣言。優衣庫秉持日本企業一貫的精神，堅持做出高品質的商品；以高品質贏得消費者的信賴。
5. 行銷宣傳策略成功。優衣庫廣泛運用整合行銷的模式，充分將電視廣告、代言人、戶外廣告、網路廣告、粉絲經營等，有效的整合在一起，使品牌露出聲量達到最高，時時刻刻印在顧客眼睛及內心深處，建立起服飾業強勢的領導品牌，進而擁有高的市占率。

(1)
調整
物流策略

(2)
品牌重新定位
（更重視品質）

(3)
轉型「數位消
費零售公司」

優衣庫：快速翻身的三大策略

(1)
在地化
成功

(2)
貫徹顧客
導向成功

(3)
定位
成功

(4)
落實高品
質宣言

(5)
行銷宣傳
策略成功

優衣庫：關鍵成功因素

問・題・研・討

1. 請討論優衣庫的行銷 4P 策略為何？
2. 請討論優衣庫在臺灣經營成功的關鍵因素為何？
3. 總結來說，從此個案中，您學到了什麼？

 個案 17　桂冠：全臺最大火鍋料之行銷策略分析

桂冠公司成立於 1970 年，已有五十多年歷史之久，是國內第一大生產火鍋料、湯圓的公司。

一、目標消費族群

桂冠公司的產品主要是以女性家庭主婦及上班族爲主力目標消費族群。由於火鍋料及冷凍調理食品的購買群，基本上以百分之八十女性族群爲主，另外，百分之二十才是男性消費者。

二、桂冠通路策略

有關桂冠產品的行銷通路策略方面，經過三、四十年來的經營通路，桂冠已與國內各大主流通路零售據點，建立起非常良好與有利的互助關係，由於這種良好關係，再加上桂冠產品口碑好，商店、各大超市、大賣場等連鎖通路，都會給最好的銷售店面空間、陳列位置及陳列容量，並且定期會辦促銷活動，這些措施都對桂冠產品的銷售有利。桂冠是透過全臺十個縣市的直營營業所爲主架構，然後再配送到各縣市的零售據點去陳列，中間並不經過經銷商，而是直營銷售通路模式。目前，各零售型態的銷售業績占比，大致如下：

通路型態	超市	量販店	便利商店	一般鄉鎮店面	網路購物	其他	合計
占比	40%	30%	10%	10%	5%	5%	100%

三、桂冠定價策略

桂冠品牌的定價策略採取比同業定價略高 5%～10% 的中高定價策略。主要是因爲桂冠產品所採用的食材原物料，品質水準與等級都是業界最高，再加上生產製造過程的嚴格把關與配方、特色；因此，在定價上就比競爭對手略微提高。即使是略高的定價策略，但對中高所得的家庭而言，他們也能接受高品質與高價格的觀

念，畢竟一分錢一分貨，桂冠品質就是值得貴 5%～15%。桂冠的品牌定位與產品策略一開始就不是走低價通俗的路線，那不是桂冠的市場，桂冠的市場是鎖定在中高所得、中高學歷、中產階級以上，以及追求健康、安全與高品質等目標對象，所以定價策略自然就會高一些。

四、桂冠推廣策略

桂冠品牌行銷的操作策略，基本上就是每年選定一個行銷傳播的訴求主軸以及 Slogan（廣告標語），然後以 360 度整合行銷傳播的方式，盡可能的讓新產品與桂冠品牌被最大多數的人看到以及吸引到，進而產生對桂冠產品的好感度與正面形象，激發消費者的購買聯結情感。

桂冠品牌在整合行銷傳播的操作項目上，全方位的包括：（註 1）

1. 電視：推出「快樂家庭日：我們這一鍋」三支連續劇式的廣告。
2. 雜誌：康健、壹週刊介紹「我們這一鍋」。
3. 戶外：100 輛公車車體廣告，與電視、雜誌相呼應。
4. 通路：賣場海報、布旗、包裝貼紙。
5. 公關：在拍廣告的片場舉辦記者會。
6. 促銷：有機會抽中量販店萬元禮券。
7. 微電影：拍攝 5 分鐘短片的微電影。

五、桂冠年度行銷預算及其配置

針對上述的整合行銷傳播所必須花費支出的每年度行銷預算，桂冠公司每年度大概都花費 6,000 萬元預算支出在品牌的塑造與業績提升上。而該筆行銷預算占桂冠全年度營收 32 億元的比例，大約接近 2% 左右。此比例在該公司尚可接受範圍，並且還有獲利產生。不過，這 6,000 萬元的行銷預算，在競爭同業界內，已是最高的金額，顯示桂冠對於品牌資產打造，敢大筆花預算並藉以維繫住該行業的第一品牌領導地位。桂冠各項預算支出項目的占比，大致如下表：

預算項目	電視廣告	報紙廣告	網路廣告	雜誌與廣播	戶外廣告	異業合作	其他各項	合計
金額	3,600 萬	300 萬	900 萬	300 萬	300 萬	300 萬	300 萬	6,000 萬
占比	60%	5%	15%	5%	5%	5%	5%	100%

這十年來，桂冠大概累積支出了 6 億元的行銷預算。

六、桂冠年度行銷績效

在談到行銷人員最重要的行銷成果績效時，這幾年來，桂冠整體年度營收額、獲利額及市占率，隨著每年度幾乎都有新產品的推出；因此，年年都保持 3%～5% 的業績成長，這在火鍋料及冷凍調理產品的成熟市場，算是相當難能可貴的。主要行銷績效展現如下：

1. 年度營收額：32 億元。
2. 年度獲利額：3 億元。
3. 獲利率：大約保持在 10% 左右。
4. 市占率：火鍋料約 50%；冷凍調理食品約 30%；總平均約 40%，居市場第一位。
5. 品牌知名度：70% 以上。
6. 顧客滿意度：90% 以上。
7. 品牌忠誠度：很高，回購率 70%。

七、桂冠未來挑戰

最後，桂冠在面對業界各品牌的競爭激烈中，所面臨的挑戰是什麼呢？

桂冠未來的挑戰，主要有三點：一是，如何持續保持新產品的創新力；二是，如何在品牌行銷操作上，不斷有新的創意力；三是，如何加強鞏固既有顧客的購買忠誠度，能做好這三項，桂冠就能長期擁有市場第一品牌的領導地位。

天下沒有永遠的第一品牌，但有較長期的第一品牌；因此，長期努力經營第一品牌資產價值，是任何公司經營上的首要目標及挑戰。

（註 1：此段資料來源取材自動腦雜誌，並經大幅改寫而成。）

桂冠火鍋料及冷凍調理食品第一品牌打造成功之整合行銷傳播架構模式與內涵

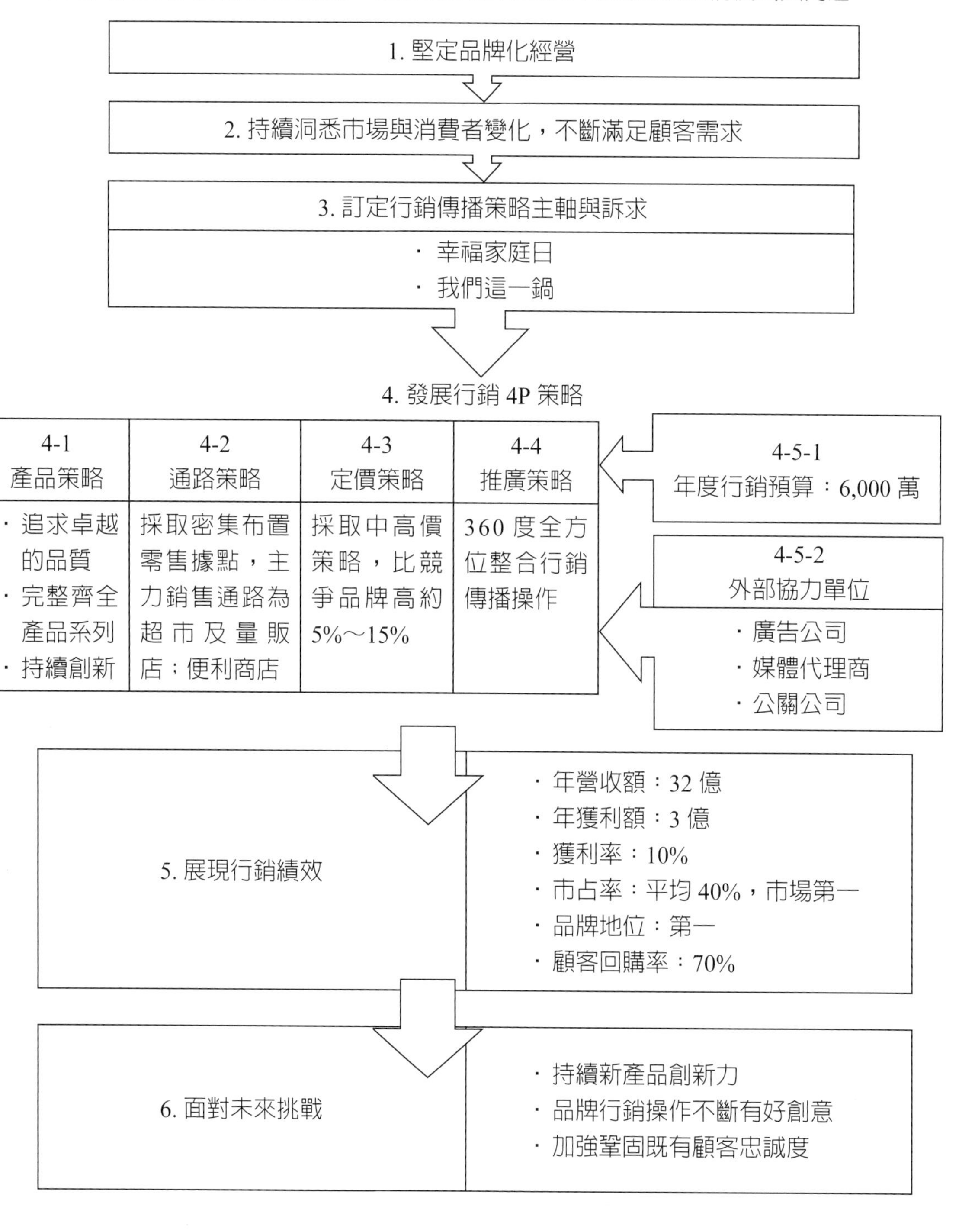

問・題・研・討

1. 請討論桂冠的產品、定價及推廣策略為何？
2. 請討論桂冠的年度行銷預算及配置為何？
3. 請討論桂冠的行銷績效為何？
4. 請討論桂冠未來的挑戰為何？
5. 總結來說，從此個案中，您學到了什麼？

個案 18　王品：多品牌的成就

一、品牌開創 17 字箴言

1. 客觀化的定位

想在王品集團提議開創新品牌，不能存在主觀的認定和偏好，需要有足夠的市場調查來佐證。

例如：臺灣大約有上萬家涮涮鍋餐飲店，確信這塊市場大餅規模時，才創立「石二鍋」，或看到臺灣有上千家平價鐵板燒店，因此開創「hot 7」新鐵板料理。

2. 差異化的優越性

此外，分析市場的主要競爭商品找出區隔，並滿足消費者需求；這個需求不但要形成差異，還要進而超越。

3. 焦點深耕

最後，每一個品牌一定要有核心商品，餐飲品牌最重要的品牌資產，其實就是經典菜色。一旦顧客無法從特定料理指認出餐廳，品牌價值終會衰退。

二、多品牌，創造大平臺

王品集團有 20 多個品牌，各有其價位區隔，茲列舉如下：

(1) 高價位：王品、夏慕尼。

(2) 中高價位：陶板屋、西堤、原燒。

(3) 中平價位：聚、品田牧場、hot 7。

(4) 平價位：石二鍋。

王品集團網路會員，總數達 1,200 萬，其中不重複名單，共有 315 萬，王品集團一年也服務多達 2,000 萬人次消費者，幾乎服務過臺灣所有消費者。多品牌是來自對消費者的洞察，而王品深耕多品牌會員，以打造競爭優勢。

會員資料的管理與關係的維持，是創造王品集團低行銷預算、高行銷效益的利器，也是品牌邁進的最重要依據。

三、創意行銷的三角關係

總結來說，王品認爲，創意三角關係，如下圖所示：

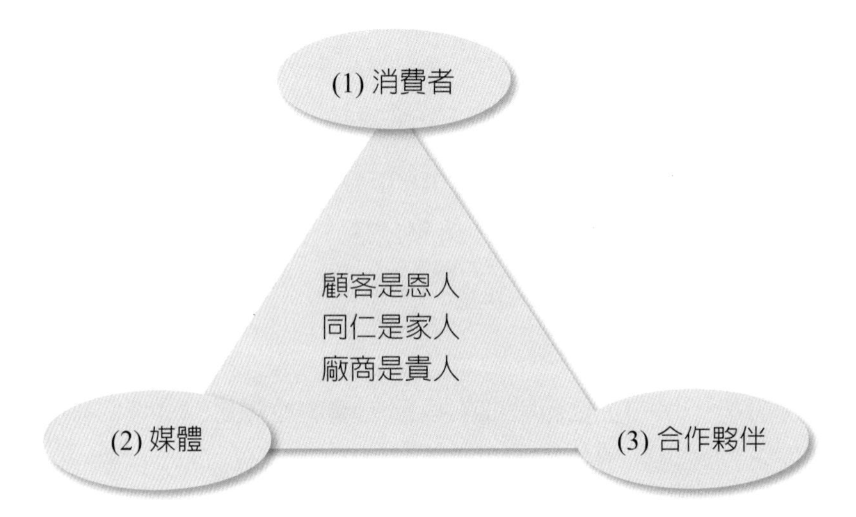

好的行銷策略，不僅是來自會議室裡的動腦時間，也從外部關係，甚至顧客的身上汲取精華，將最好的服務端上餐桌。如同王品的品牌承諾：「只款待心中最重要的人」！

問・題・研・討

1. 請討論王品在品牌開創的 17 字箴言為何？
2. 請討論王品在各種價位有多少品牌？
3. 請討論王品的會員名單有多少筆？每年服務多少人次？會員資料庫有何好處？
4. 請討論王品的創意行銷三角關係為何？
5. 總結來說，從此個案中，您學到了什麼？

個案 19　靠得住：衛生棉品牌再生戰役及整合行銷策略

一、「靠得住」衛生棉品牌再生戰役圖

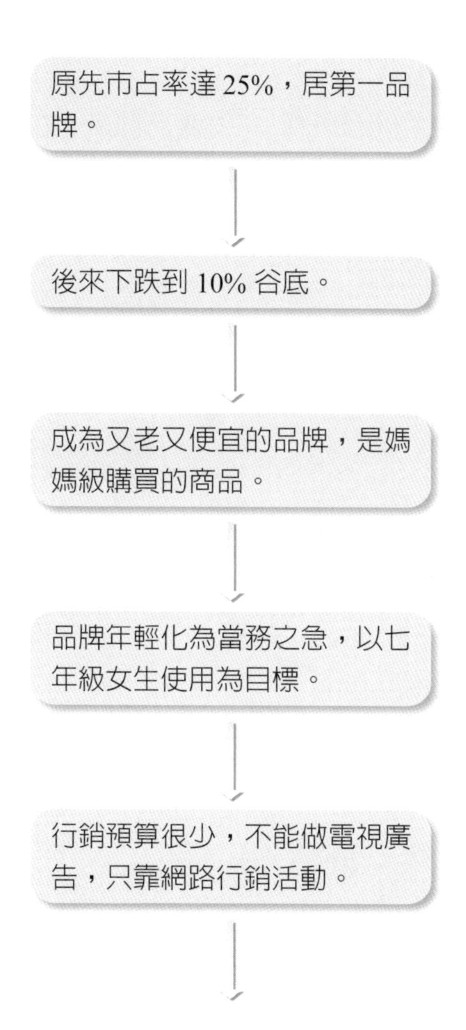

1. 產品改革策略	2. 網路行銷	3. 活動行銷	4. 店頭行銷
(1) 當時有貼身巧翼新產品上市，產品特色為摺疊線，讓愛穿丁字褲的辣妹也能享受舒服的生理期。 (2) 加入香甜氣味，讓水果世代女生愛不釋手。 (3) 在衛生棉上印上可愛印花圖案。	以接觸七年級女生為目標，推出靠得住「純白體驗」活動。以女生私密日記為創意主題。由 4 個不同個性女生的心情，寫成日記，以獲取情緒共鳴，認同品牌。推出後，首頁點閱人數超過 65 萬人次，訪站人數為 10 萬人次。	在網站徵求自願走秀的大學女生，報告很踴躍。一場丁字褲走秀，讓 100 位丁字褲女生在媒體面前蓋上臀印，事後媒體報導超過 70 則。只要將點子視覺化，就能吸引媒體報導。	(1) 組成一支「白色啦啦隊」在各大賣場舉辦造勢活動，吸引賣場圍觀民衆，幫助銷售成長。 (2) 另外，在貨架上整個專區包起來，一走進即可聞到產品的花香味結合產品特色。

市占率回復到 24.5%，與 P&G 好自在同為第一品牌。

1.「靠得住」衛生棉跌到最谷底的現象

(1) 弱化的品牌地位。

(2) 是媽媽級女性買的品牌（品牌老化）。

(3) 市占率連續四年急速下滑。

(4) 通路商沒信心。

(5) 爲了業績，業務員採殺價策略，價格愈殺愈低。

(6) 沒有新產品。

(7) 在區隔市場也缺席。

(8) 總結：產品經營績效差。

2. 主要五大競爭品牌

(1) P & G：好自在。

(2) 花王：蕾妮亞。

(3) 嬌生：摩黛絲（現已無進口）。

(4) 嬌聯：蘇菲。

(5) 本土：康乃馨。

二、純白體驗的 360° 傳播溝通：十二種策略及活動齊發並進

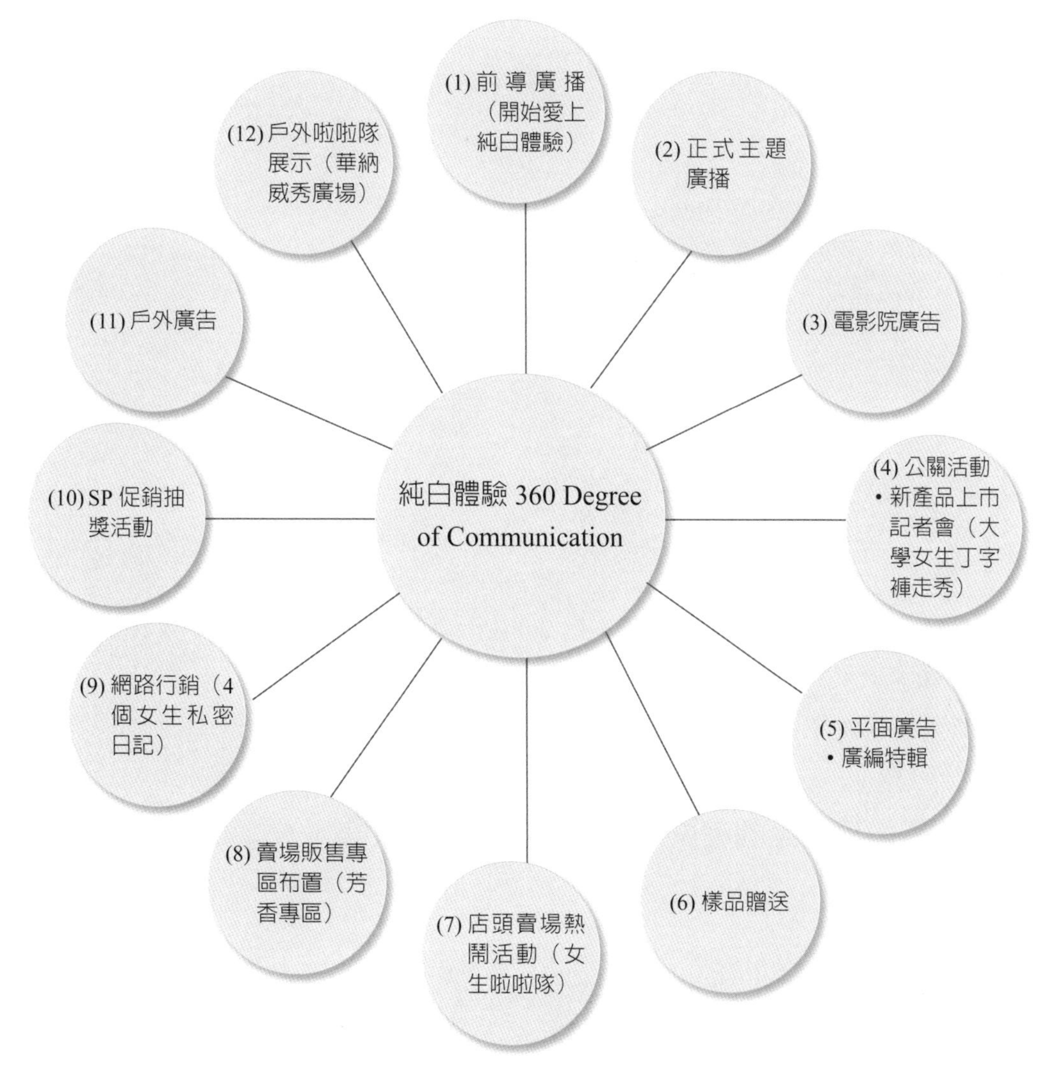

說明：TVC 廣告片找一群年輕女生，並非藝人或明星，穿上純白短褲，加上腳本對白生動。因此，廣告推出後，銷售量急速上升，購買群以18～28歲女生為主。

三、靠得住產品開發 4 個階段與對消費者的理解

Step 1

(1) 產品概念的產生（Product Concept Generate）。

(2) 焦點團體座談及篩選（Focus Group Disscusion & Screening）。

(3) 選定可以贏的概念（Select Winning Concept）。

Step 2

(1) 試作品使用測試（Sample Useage Test）。

(2) 試作品修正到盡可能完美。

(3) 確認是可以贏的產品（Assure Winning Product）。

Step 3

(1) 展開廣告測試（Advertising Test）。

(2) 焦點團體座談及適當修正。

(3) 發展可以贏的廣告片（TVC），然後才正式花錢播出。

Step 4

(1) 展開包裝測試（Package Test）。

(2) 創造可以贏的包裝（Winning Package）。

【附註】

1. 曾經對靠得住廣告腳本及構思退回 10 次，直到有滿意的廣告片腳本才停止。而廣告片拍出來之後，也曾經三修、五修，最後才真正定案。
2. 靠得住的包裝也花了一番工夫，設計出有質感的概念。

四、靠得住衛生棉產品的發展——持續性的創新原則

要點

(1) 重點要如何贏過競爭對手。

(2) 研發部門的研發技術做配合。

(3) 有特殊專利權的保護。

五、理解「通路商」的運作及狀況（通路行銷）

1. 通路商

「靠得住」衛生棉的販售通路，主要有：量販店、福利中心、超市、便利商店、藥妝店（屈臣氏）、藥房等六大類通路。

2. 通路商的配合條件、狀況及要求等均不完全一樣

每一類通路商及每一家通路商的配合條件、狀況及要求等，均不完全一樣。以通路爲主，少掉任何一個通路商，都會對業績產生不利影響，故須做好與通路商的人脈關係及互動配合。

3. 品牌廠商與通路商互動往來的相關事項

品牌廠商與通路商互動往來的相關事項，包括：

(1) 產品的定價。

(2) 產品的毛利。

(3) 通路商上架費及其他收入。

(4) 品牌知名度。

(5) 企業形象。

(6) 促銷活動期的配合度。

(7) 進貨最大的折扣優惠。

(8) 旺季與淡季。

(9) 物流進退貨。

(10) 結帳、請款。

(11) 資訊連線。

(12) 賣場行銷（賣場活動）的舉辦（試吃 / 試喝 / 現場展示 / 現場美容化妝 / 簽名會等）。

(13) 上架／下架相關事宜。

(14) 賣場區位的設計。

(15) 廣告量投入預算多少。

(16) 其他事項等。

六、洞察及了解「消費者」（使用者、目標顧客群）

1. 使用與態度	2. 理解顧客在賣場的購買行為
(1) 消費地點、使用地點如何？ (2) 使用頻率如何？ (3) 採購量如何？ (4) 品牌忠誠度如何？ (5) 價格敏感度如何？ (6) 競爭如何？ (7) 採購因素及動機如何？ (8) 決策樹如何？	(1) 購買頻率如何？ (2) 購買地點？ (3) 購買時間？ (4) 購買量？ (5) 重要特質及關鍵啟動。 (6) 對現場促銷的誘惑力如何？ (7) 6W、2H 的追根究柢（What、Why、Where、When、Who、Whom、How much、How to do）

說明：

(1) 在家／辦公室的消費者行爲及到大賣場／超市之後的消費者行爲，並不會完全一致。

(2) 去大賣場／百貨公司、屈臣氏等消費者行爲，也可能會不一樣。

七、贏的「行銷組織團隊」戰力的建立

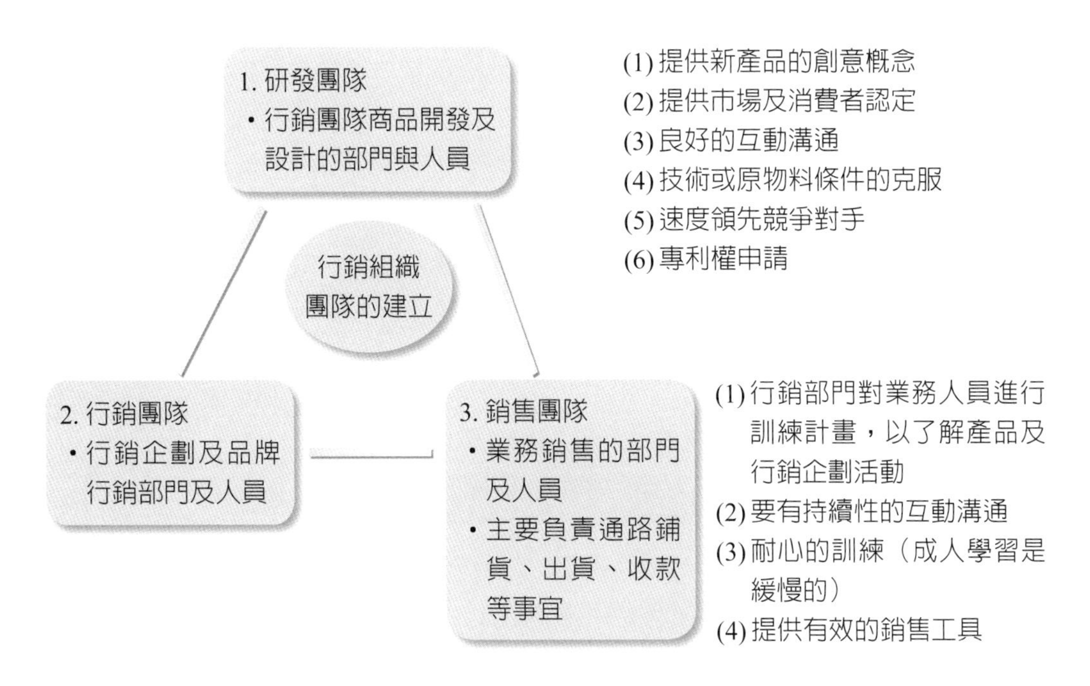

八、做好整合行銷三角架構的六個面向

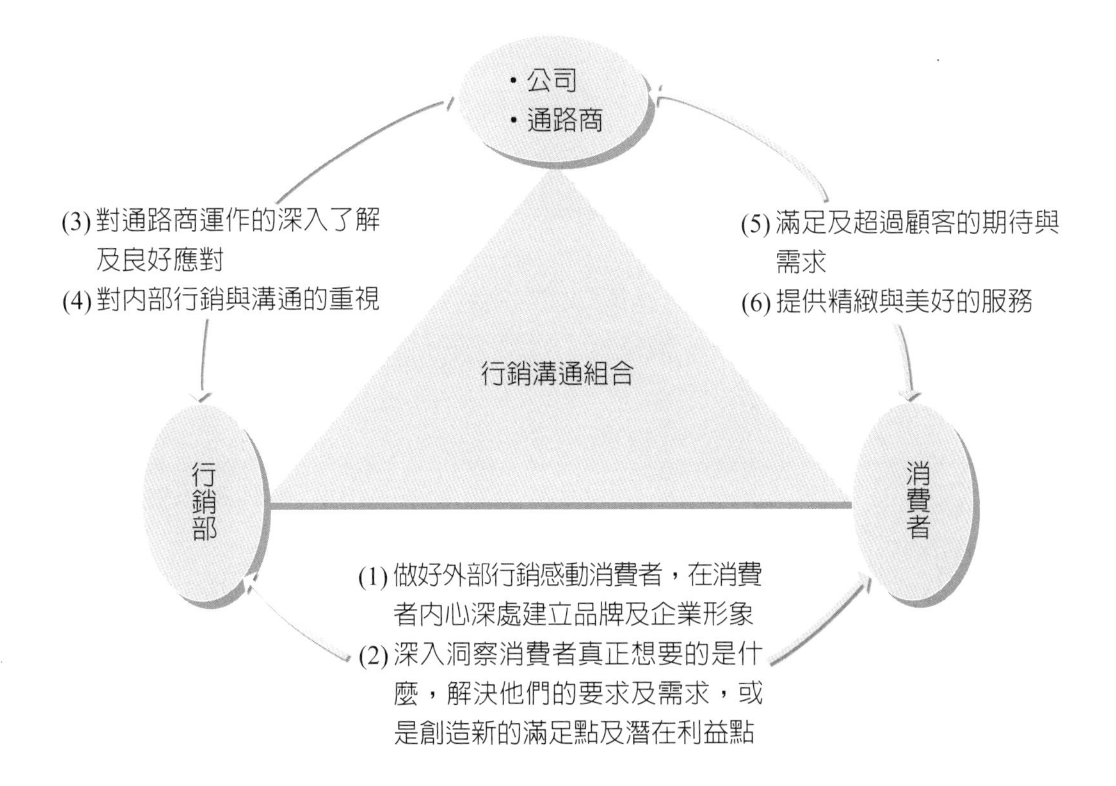

九、二個關鍵核心行銷成功因素

有很多因素都是必要的，但若深究內涵，則有二個是必要中的必要：

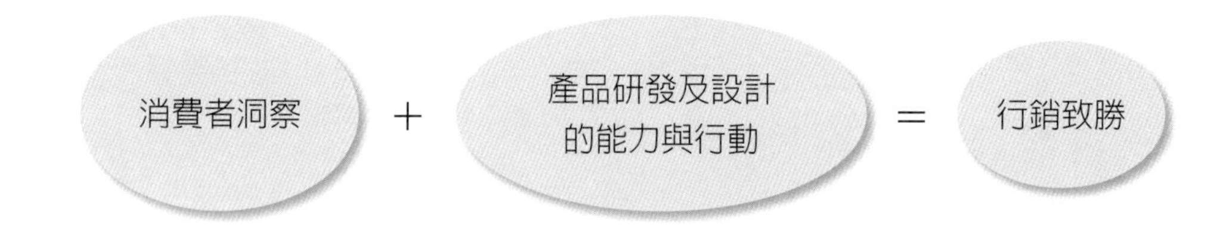

問·題·研·討

1. 請討論「靠得住」衛生棉，在市場績效最谷底的狀況為何？當時面對哪五大品牌？
2. 請討論「靠得住」純白體驗品牌再生的 360° 傳播溝通的十二種策略為何？為何要有 360° 呢？又獲致哪些重生的成果呢？
3. 請討論該公司對產品開發的四個階段作法為何？
4. 請討論「靠得住」產品的持續性創新成果如何？
5. 請討論在「通路行銷」的作法及狀況為何？
6. 請討論「靠得住」的行銷組織團隊由哪些單位組成？工作內容為何？
7. 請討論該公司在整合行銷三角架構方面，應做好哪些工作？為何是三角架構？
8. 該公司認為最關鍵的二個行銷成功因素為何？
9. 總結來說，從本個案中，您學到了什麼？有何評論？您的心得感想是什麼？

個案 20　白蘭氏雞精：保持高市占率的行銷祕訣

一、白蘭氏

陪消費者健康一輩子的好品牌（白蘭氏品牌為臺灣食益補公司所產銷）。

二、品牌是什麼

1. 品牌是產品與消費者之間的關係。
2. 品牌是建立在公司與消費者互動的所有接觸點，因此必須小心、用心及細心地經營及管理。

三、對消費者承諾的實踐

陪消費者健康一輩子的好品牌，由下列六大行銷操作方向去實踐：

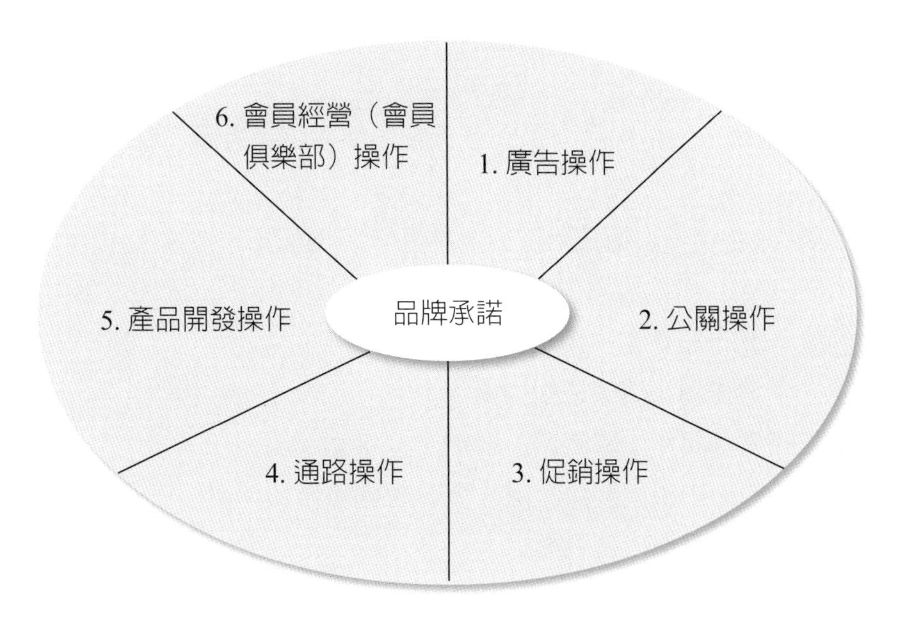

四、保健食品的行銷特性（行業特性）

1. 品牌信賴的重要性（吃的東西，攸關人命）。
2. 廣宣用語常有嫌疑，可能被罰，管制法令會較多。
3. 任何對品牌或產品的負面消息，都須花時間去化解。
4. 顆粒狀（或錠狀）保健產品的弱點是常被視爲藥品，不易成爲每天習慣吃的產品。
5. 產品供應商到處充斥，供過於求。

五、先了解消費者的看法及問題點

白蘭氏產品曾陷入市占率衰退下滑的警訊，如何止跌回升。首先從了解消費者對白蘭氏「品牌」、「品類」及「產品」的看法及負面問題點著手。

採取三段式作法，即 Q-A-R：

Q（Question）：問題是什麼（發現問題）。

A（Action）：採取解決問題的行動。

R（Result）：結果如何。

1. 品牌

Q：白蘭氏＝雞精→就是補品（只在冬天吃、偶爾吃、考試前吃、身體虛弱時吃的概念）。

但公司的期望改變爲：白蘭氏＝健康≠補品，市場版圖才會擴大。

Action：

(1) 加強健康一錠的知名度。

(2) 禮盒廣告中，強調「健康是好的禮物」。

(3) 舉辦健康講座（與《中國時報》合辦，一年 40 場次）。

(4) 所有公關活動，均須與健康相關才做，否則不做。

(5) 把雞精博物館改爲健康博物館。

(6) 所有廣告 CF 的臺詞或意識表達，均轉向健康的訴求主題。

Result：在健康補給品的使用及態度研究調查中，白蘭氏與善存擁有最高記憶度良好結果。

2. 品類

(1) Q：雞精很油→不健康。

事實是：雞精是零脂肪、零膽固醇。

Action：製作 20 秒廣告片（TVC），利用二種對照式廣告，一個是雞精，一個是雞湯，放在冰箱內。一天後發現，雞湯凝固油油的，而雞精卻保持像水一樣的原狀。

Result：經調查，消費者陳舊觀念已獲得改變。

(2) Q：雞精＝提神，增強體力，因此，必須更新定位（重定位）→活化思緒，Slogan 是「頭腦的精力湯」。

Action：

① 利用整合行銷傳播（電視廣告、平面廣告、捷運廣告、SP 促銷活動等）。

② 長期耕耘改變。

Result：業績二位數成長。

3. 產品

(1) Q：白蘭氏的雞→不健康的雞。

事實是：白蘭氏的雞均經過 CAS 認證，從屠宰場到包裝、運送，均經嚴格品管。

Action：推出 TVC（廣告片中，阿伯在雞場裡，並配合臺詞：用健康的雞，做出最好的雞精）。

Result：

①廣告臺詞獲得廣告金句獎。

②獲記憶度最高的廣告片。

(2) Q：健康一錠→知名度低、試用率低、後發品牌、前面類似產品已太多了。

Action：每一支廣告片，以達成消費者記住此「產品」或「品牌」爲目標，並引起消費者的共鳴。

Result：廣告播出後，業績成長 6 倍。

六、經驗總結

1. 做出有影響力、有吸引力、有促購力的成功廣告，才能帶動銷售業績。因此，電視廣告是很重要的，只要做得好，即會發揮效果。不能沒有電視廣告的預算。
2. 在發掘與消除障礙之間，必須是以誠實、坦白的態度面對問題。然後，一步一步用心的加以解套。
3. 選擇優良且用心的廣告代理商，建立長期的夥伴關係（第一次雖有比稿，若往後配合良好，且有好的成果，即不必更換廣告代理商）。
4. 對廣告公司創意人員，應給予開放、信任及支持，讓他們有好創意，做出有影響力及有效果的電視廣告，然後才會改變銷售業績。
5. 廣告公司並非大就好，有些中型廣告公司，對產品的研究、調查、親身體驗、消費者洞察等，會做深入探討。這些中型廣告公司往往小兵立大功，勝過大廣告公司。

七、行銷成果

目前白蘭氏雞精和華佗雞精二種品牌的市占率，高達 80%，遙遙領先統一雞精的同業。

問・題・研・討

1. 請討論白蘭氏雞精的品牌 Slogan 為何？品牌承諾的實踐為何？
2. 請討論白蘭氏雞精品牌承諾的六種行銷操作手法為何？
3. 請討論保健食品有何行業特性？這些特性對行銷人員有何意義？
4. 請討論白蘭氏雞精在陷入市占率衰退的危機時，採取了哪些行銷策略或對策，以解決問題？
5. 白蘭氏雞精的市場行銷，由經驗中，總結出哪些結論要點？
6. 白蘭氏雞精產品重生再造後，獲致哪些成果？
7. 白蘭氏該公司善用 Q-A-R 手法，以解決行銷問題，請討論何謂 Q-A-R？
8. 總結來說，從本個案中，您學到了什麼？又得到哪些行銷啟發？您有哪些行銷與經營評論呢？

個案 21 LV：勝利方程式＝手工打造＋創新設計＋名人代言行銷

一、LV 是 LVMH 精品集團金雞母——永不褪色的時尚品牌

1854 年，法國行李箱工匠達人路易．威登在馬車旅行盛行的巴黎開了第一間專賣店，主顧客都是如香奈兒夫人、埃及皇后Ismail Pasha、法國總統等皇室貴族。

自此之後，LV 將 19 世紀貴族的旅遊享受，轉化爲 21 世紀都會的生活品味，魅力蔓延全球。

2010 年底，坐落在艾菲爾鐵塔與聖母院的 LV 巴黎旗艦店，每天都吸引 3,000 到 5,000 參觀人次。

150 多年的 LV，儼然是一臺品牌印鈔機。雖然 LV 單一品牌的營收向來是路威酩軒集團的不宣之祕，但 *Business Week* 便曾推估，LV 2006 年單一品牌的營收高達 50 億美元，比起競爭對手 HERMÈS、GUCCI 平均 25% 的營業淨利，LV 淨利高達 45%。《經濟學人》2007 年 2 月的報導也指出，光是 LV 就占路威酩軒集團 170 億美元年銷售額的四分之一，也占了集團淨利的三分之一。

二、不找 OEM 代工，高科技嚴格測試

「爲了維持品質，我們不找代工，工廠也幾乎全部集中在法國境內。」路易威登總裁卡雪爾表示，路易威登在法國擁有 10 座工廠，其他 3 個因爲皮革原料與市場考量，而設立在西班牙與美國加州。

路易威登位於巴黎總店的地下室，設置一個有多項高科技器材的實驗室，機械人手臂將重達 3.5 公斤的皮包反覆舉起、丟下，整個測試過程長達 4 天，就是爲測試皮包的耐用度。另外，也會以紫外線照射燈來測試取材自北歐牛皮的皮革褪色情形，用機器人手臂來測試手環上飾品的密合度等。也會有專門負責拉鍊開合的測試機，每個拉鍊要經過 5,000 次的開關測試，才能通過考驗。

路易威登在全球的 13 座工廠裡，每個工廠以 20 到 30 個人爲一組，每個小組每天約可製造 120 個手提包。

三、創新設計，掌握時尚領導

1997年，百年皮件巨人LV決定內建時尚基因，與時代接軌。

LV董事長阿爾諾（Bernard Arnault）晉用當時年方30歲，來自紐約的時裝設計新貴賈克伯（Marc Jacob），讓皮件巨人LV跨入時裝市場，慢慢引進時裝、鞋履、腕錶、高級珠寶，也爲皮件加入時尚元素，如日本藝術家村上隆設計的櫻花包、羅伯·威爾森以螢光霓虹色爲LV大膽上色，吸引年輕客層的鍾愛眼光。

2003年春天，賈克伯選擇與日本流行文化藝術家村上隆合作，以經典花紋爲底，設計出一系列可愛的「櫻花包」。根據統計，光是這個系列產品的銷售額便超過3億美元。LV轉型策略奏效，老店品牌時尚化，不僅刺激原本忠誠客群的再度購買需求，也取得年輕客層的全面認同，成爲既經典又流行的時尚品牌。

四、名人行銷

翻開最新的時尚雜誌，你會看到一個視覺強烈落差的廣告；穿著黑色鏤空上衣、白色亮面緊身長裙的金髮女性，側躺在冰冷的白色混凝土上，眼神中散發出冷冷的光芒，而手上則是拎著路易威登最新一季的包包。這是剛過完150歲生日的路易威登，於2005年初正式公布鄔瑪·舒曼（Uma Thurman）爲代言人的最新一季春夏廣告。

路易威登找好萊塢女明星代言，可以看到「品牌年輕化」的企圖，之前路易威登找上珍妮佛·洛佩茲（Jennifer Lopez）當品牌代言人，就是因她具有「成熟、影響力及性感」的女性特質，能被路易威登挑選出來的女明星，都是現代社會的偶像。

五、旅遊、運動與名牌精品的結合

除了找女明星代言外，路易威登還長期舉辦路易威登盃帆船賽，而這項賽事更成爲美洲盃的淘汰賽。此外，爲結合旅行箱這款經典產品，路易威登也推出一系列的《旅遊筆記》與《城市指南》等旅遊書，這類書籍已經成爲喜愛旅行，特別是喜歡自己規劃行程的年輕人指定用書。藉由運動與旅遊的推波助瀾，路易威登的品牌形象已大大不同。

六、名牌精品前十大品牌在臺灣概況比較表：LV 仍領先

精品前十大品牌概況

品牌	布局	競爭優勢
LV	全臺 14 家店 3 家獨立大店、11 家百貨店	全球第一大時尚精品集團設點位置精準評估及貴賓服務
GUCCI	全臺 12 家店，唯一獨立門市為中山旗艦店	1 個月新品到貨 信義店加強服飾套裝陳列
CHANEL	全臺 12 家店	精品、服飾、珠寶配件完整
DIOR	全臺 12 家店	因地制宜引進不同商品類
COACH	全臺 10 家百貨店	配件主力，無關身材與年齡，產品實用性高，價格友善
LOEWE	全臺 10 家店、中山旗艦店	皮衣訂製 配件年輕化
BURBERRY	全臺 10 家店	大店特色，產品線齊全
BALLY	全臺 10 個點	櫃位以品項分類
CELINE	全臺 9 個點	櫃位以品項分類
PRADA	全臺 10 家店	大店陳列，商品齊全
TOD'S	全臺 10 家店	中型店陳列

臺灣市場的消費力驚人，僅次於日本市場。

七、關鍵成功因素（KSF）

1. 商品力是 LV 歷經一百五十多年歷史，仍然永垂不朽的最核心根本原因及價值所在。
2. LV 商品力，展現在它的高品質、高質感、時尚創新設計感及獨特風格感。
3. 名牌要搭配名人行銷及事件活動行銷，創造話題，LV 的行銷宣傳是成功的。
4. 通路策略成功。在各主力國家市場，紛紛打造別具風格設計的旗艦店及專賣店，店面形成一種門面宣傳，也是擴大營業業績來源。

5. 全球市場布局成功。LV 產品銷售，在歐洲地區占比僅 40%，其他 60% 是來自美國、日本兩大主力地區，以及亞洲新興國家，如臺灣、香港、韓國及中國大陸等，都有高幅度成長。
6. 品牌資產。所有成功的因素匯集到最終，即成爲一個令人信賴、喜歡、尊榮的全球性知名品牌，LV 即是成功的。

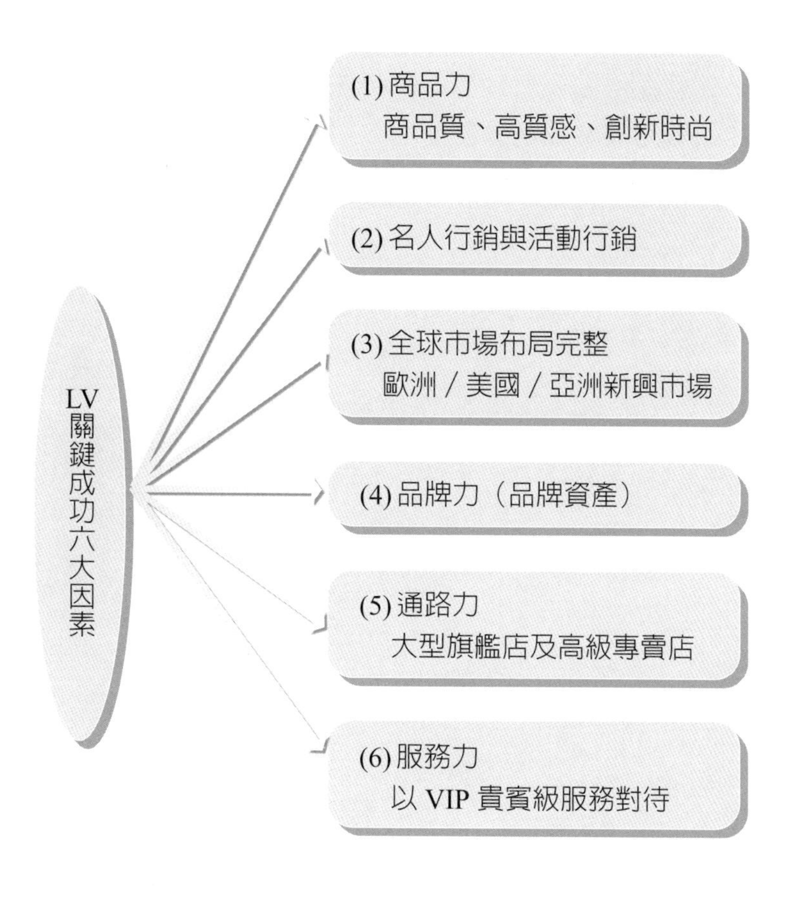

問·題·研·討

1. 請討論 LV 精品集團的緣起，以及其卓越獲利績效。
2. 請討論 LV 精品集團是否有找 OEM 代工廠？如果沒有，為什麼？
3. 請討論 LV 產品的品質控管情況為何？為何要如此嚴格？
4. 請討論 LV 如何創新設計，並掌握時尚領導？
5. 請討論 LV 如何採用名人行銷品牌的手法？
6. 請討論 LV 品牌的關鍵成功因素何在？

個案 22　維力「手打麵」：果然好力道

一、產品價值突顯成功

維力「手打麵」，代表了麵的 Q 勁，其產品核心就是「麵的 Q 度」，此即在廣告中，要對消費者傳達的產品價值。

「麵的 Q 度」，即是維力手打麵這個品牌的獨特特色及 USP（獨特銷售賣點），其 Q 度勝過其他一般麵。

二、目標市場及價格搭配成功

手打麵首先以便宜大容量的「袋裝」麵與訂在平價的價格，以家庭主婦及年輕學生族群爲目標市場，成功搭配打入市場。

三、廣告傳播策略創意成功

1. 知道產品特色及消費者族群輪廓後，要求廣告代理商以表現出「趣味性」、「歡樂」、「熱鬧」、「世俗」、「鄰居」等爲創意元素與表現原則。而廣告 CF 的腳本亦須有朗朗上口的「廣告口號」，如此才容易殺出廣告重圍，讓消費者印象深刻。
2. 首支廣告推出眷村「里長嬸篇」，片中「張君雅小妹妹」一開始一連串臺語臺詞，一直到形容手打麵「Qㄉㄟˋㄉㄟˋ」，可說趣味十足、強而有力，一舉打響品牌知名度。
3. 總之，成功逗趣的廣告詞強化產品印象。

四、袋裝麵行銷成果

維力手打麵袋裝系列，從市占率 1%，迅速上升到 5% 左右，成果顯著，品牌行銷成功。

五、接續推出桶裝手打麵

1. 以男性或單身爲消費對象。
2. 以「湯頭」爲特色訴求，並以同樣的幽默逗趣方式推出「撒隆巴斯篇」，銷售率馬上攀升。
3. 袋裝及桶裝等 2 種麵的廣告預算，總計投入 3,200 萬元。

六、通路策略

1. 袋裝麵以量販店及超市爲通路；桶裝麵則以便利商店爲通路。
2. 配合通路的促銷活動，成功提高銷售量。

七、桶裝麵行銷成果

市占率從 2.5%，躍升到 17%，僅次於統一的阿 Q 桶麵，居第二品牌。

八、關鍵成功因素（KSF）

1. 找到自身產品的核心價值所在（麵的 Q 度），而此核心價值，恰爲消費者所需求的。
2. 成功逗趣、令人會心一笑的廣告 CF 表現策略，順利打造強勢品牌。因此，自然也就能達成銷售目標。
3. 通路配合促銷活動，有效帶動業績上升。

九、行銷成功架構圖示

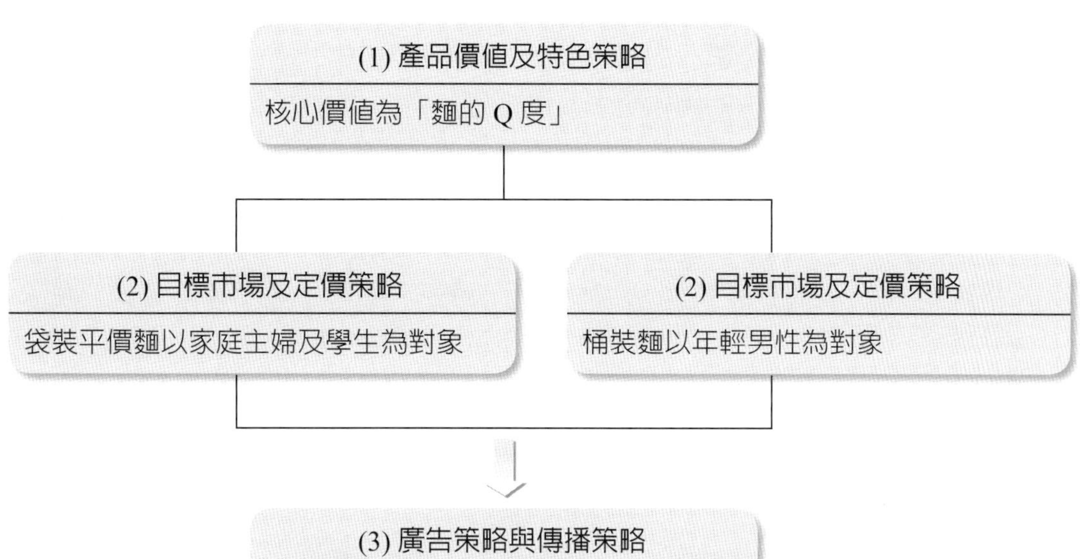

(3) 廣告策略與傳播策略

- 呈現「趣味」、「熱鬧」、「世俗」、「幽默」的廣告手法，與產品定位及目標市場相符合一致，可以說傳播策略成功
- 投入 3,200 萬元的廣告預算

(4) 行銷成果

- 手打麵袋裝系列，市占率從 1% 上升到 5%
- 桶裝系列，從 2.5% 上升到 17%，行銷成果豐碩
- 使手打麵成為維力公司的強勢品牌

問・題・研・討

1. 請討論維力「手打麵」的產品價值如何突顯成功？
2. 請討論「手打麵」的目標市場及價格如何搭配成功？
3. 請討論「手打麵」的廣告傳播策略創意成功所在為何？
4. 請討論「手打麵」的行銷成果為何？
5. 請討論「手打麵」的關鍵成功因素為何？
6. 總結來看，從本個案中，您學到了什麼？心得為何？有何評論及觀點？

個案 23　Yodobashi：贏得顧客心，高收益經營祕訣

日本在家電資訊量販店經營上，以 YAMADA（山田）的營收額及店數規模最大，但如以營業利益等績效指標來看，卻是 Yodobashi 位居市場第 1 名。該公司總經理藤沢昭和表示：「我們的成功，並非只是在販賣顧客的滿足而已。而是進一步打造一個讓顧客走進本店，就像是走入一座『滿足與豐富的宮殿』一樣的驚奇與極致滿意。」

一、創造高收益的五項原因

Yodobashi 能夠成爲同業經營績效第 1 名的高收益企業，藤沢昭和總經理歸因於五項原因：

1. Yodobashi 店面的交易商品數量，高達 53 萬個項目，遠遠超過同業。甚至很多照相機專家顧客到店裡來，要買一些很特殊的配備，在這裡都能找到。因此，商品線與品項的完整與豐富，可以說明 Yodobashi 公司爲何勝出的第一個原因。
2. Yodobashi 公司的全體員工，可以說 1 年 365 天，幾乎是天天不中斷地在進行教育訓練，特別是在「商品知識」方面，的確是領先其他同業。
3. Yodobashi 公司要求商品供應廠商的交貨時間，必須在 1 天之內即完成送到指定地點。過去，一般都是 2、3 天送達，甚至因熱銷而缺貨的商品，也常有 1 週後才送到的狀況。但與 Yodobashi 簽約的供應廠商，被嚴格要求必須在 24 小時之內完成供貨，否則即依違約論而被罰款及記不良點數。因此，在 Yodobashi 店面幾乎不可能出現貨賣完了及貨還沒到等品缺現象。
4. Yodobashi 公司從 1989 年起，即率先實施顧客點數優惠卡，這是爲了促使顧客再度上門購買的方法之一，目前發卡已有 3,000 萬張，也就是有 3,000 萬名會員，這樣的紀錄在業界是首位的。
5. Yodobashi 店內，即使有已經賣得不錯的商品品項，但該公司也從不以此爲滿足，繼續放置這些商品，而是會不斷的引進國內外功能、規格、設計、用途等不同的新產品，亦即要不斷的改變及置放不一樣的商品。

以上五點成功的原因，也是藤沢昭和總經理上任以來，一直強調的「反同質化」經營與行銷策略的總方向及總策略。他認爲唯有反同質化，才能創造出差異化

與獨具特色的賣點，而這也是爲什麼 3,000 萬名會員會一再購買的原因。因爲一旦顧客有缺什麼東西，或想買什麼商品，只要是相關的東西，他就會不自覺的走進 Yodobashi 的 22 家店內購買。

因爲 Yodobashi 店內的動線流暢、購物空間寬敞、商品種類齊全、價格合理，又能使用點數優惠卡享有優惠，以及現場的每一位售貨人員對商品的了解都非常專業，能夠做到無所不答的境界，這些都是能讓顧客感到安心，並且深具信心，是 Yodobashi 成功的原因。

二、經營績效居冠

Yodobashi 公司的營收額從 1996 年的 1,900 億日圓，快速成長到 2022 年的 9,000 億日圓，8 年來成長 5 倍之多。而營業淨利率從 4.2% 上升到 6.5%，遙遙領先營收額位居老大的 YAMADA（山田）公司的 1.5%，是它的 4 倍之高。顯示在獲利方面，僅有 22 家店面的 Yodobashi 公司是遠遠超過擁有 193 個連鎖店面的 YAMADA 公司。Yodobashi 的平均毛利率，約爲 19%～20% 左右，與一般家電資訊賣場同業差不多，但其管銷費用卻僅有 12.9%，比一般業界還低 5%，故使其獲利率優於其他業者。而在每年商品周轉次數方面爲 23.1 次，亦比一般業者的 9.7 次，多出約 2 倍，顯示 Yodobashi 公司的商品周轉率是高的，也同時說明了該公司成功掌握「單品管理」。

另外，在每人創造經營利益額方面，Yodobashi 爲每人每年創造 1,800 萬日圓，此亦比其他行業，諸如賣男裝、賣女裝、賣綜合商品的連鎖賣場還要高。連續 12 年來，Yodobashi 公司不管在營收額或獲利率方面，均呈現快速的成長，顯示該公司擁有實力堅強的經營團隊。

三、全體員工不斷提升商品知識

Yodobashi 公司非常重視所有在第一線店面銷售人員的商品知識研修及提升。每天早上 10 點，全國 22 家店面的各產品線負責組長，即召集底下的 10 多名銷售人員，進行 20 分鐘的新商品知識及銷售的重點說明。另外，每天晚上，在店面 9 點打烊後，每個店面的店長還會巡視各產品線區域，然後進行約 1 小時的商品知識課程，上完課後，員工才能下班回家。因爲是在晚上上課，故可避免早上的喧譁，在安靜教室中研修，效果很好。

以某一天晚上爲例，在大阪梅田店的電視機產品線賣場的販售人員，計有 12 人都出席當晚的研修課程。上完課後，講師會一個個抽問今天上課的內容。例如：液晶及電漿電視機的消耗電力是多少？它們與傳統映像管電視機有何不同？有何優點？爲何有差別？還有在功能、品質、維修、各品牌比較、價格比較、畫面尺寸大小的比較、家裡坪數適合的款型等，幾十個一般顧客都會問到的問題等。如果，銷售人員在教室內答不出來或答錯了，或答不完整，都會被店長記點，成爲每一季及每一年考績扣分的依據。因此，每位學員都很用心記筆記及聽講，強迫自己吸收。如此，時間一久，全體員工每晚研修 1 小時才能下班的風氣，已成爲 Yodobashi 的企業文化及工作任務重要的一環。

藤沢昭和總經理表示，在這短短 1 小時內，每個人用心聽，每個人正確答覆問題，這就達到了「知識共有」的最大目的。難怪同業都認爲，Yodobashi 公司第一線銷售人員的「產品說明能力」位居同業之冠，而其所創造出來的每人生產力，自然也領先同業。

四、紀律嚴明，員工無一人染髮

現場服務業很重視服務人員的外表、儀態及服務態度。Yodobashi 公司及 22 家店面，總計有 4,500 名員工，以 20～30 歲的年輕員工居多，但很特別的是，該賣場內不論男、女，竟然看不到任何一個人將頭髮染得紅紅綠綠的，讓顧客看起來好像都是有紀律、有規矩、具專業性的銷售人員，完全不會引起顧客反感。讓顧客留下好印象，認爲該店具有一定的用人水準及管理要求。我們亦經常看到日本或臺灣的便利商店中，有些年輕工讀生店員的頭髮留得好長或是染得很花俏，這樣可能會讓顧客有不好的感覺。

五、大量任用年輕有爲的幹部

Yodobashi 公司在用人方面，也充分做到晉用優秀的年輕幹部或店長。例如：在梅田店的宇野智彥 28 歲，進公司才 4 年，但他是販賣薄型電視機的銷售高手，經常獲得銷售冠軍。他以豐富專業的商品知識，以及熱忱的服務態度，獲得眾多顧客的肯定，目前已升任經理級幹部，領導 60 位部屬。這就是 Yodobashi 公司破格用人的政策哲學。藤沢昭和總經理則表示：「只要是好人才、對公司有貢獻，我們是不看他年齡的。這樣公司才會更年輕有活力，也才會有好的企業文化。Yodobashi 公司近 10 年來會成長得如此快速，這也是一個關鍵因素。」

六、要求廠商，送貨時間 24 小時內完成

Yodobashi 公司為了使店面沒有品缺問題，在 1994 年時，即已引進 SAP 電腦軟體系統。透過資訊系統的電腦化與自動化，與供應廠商電腦連線，將公司每天各商品的銷售情況、庫存狀況及需求量等傳給上千家的供應廠商，並結合廠商的生產計畫及物流體系，必須在 Yodobashi 公司電腦上正式下單後的 24 小時內，準時且無誤地送達該公司 22 家店面的指定地點。換言之，Yodobashi 公司對供應商的要求是：「今天訂貨，明天就要到。」這與過去業者經常 2、3 天才到貨的情況，已經有了很大的進步與突破。而所有的商品供應商在經過 1～2 年的要求、訓練、投資下，也都能配合良好。這也顯示 Yodobashi 公司在貫徹一項正確決策的高度執行力及目標管理。藤沢昭和總經理認為，一旦顧客有過一次買不到想要的商品時，就會在心中留下不滿意、不愉快的感受。這有可能會延伸到下一次不想再來此店的心理動機。反之，如果每次來買，都能很快速的看到、找到及買到心中想要的品牌、規格、設計及項目時，顧客就會有下次回購的動機。

七、超級旗艦店出現

2005 年 9 月，在東京秋葉原車站附近，Yodobashi 公司已建好高 9 層樓、賣場面積高達 8,100 坪的第一個「超級旗艦店」，這也是藤沢昭和總經理努力追求「一等理想店」的終極目標。該店不管在各樓層配置、手扶梯、商品規劃線、停車場、進口、出口、陳列角度與高度、裝潢品味、各區塊面積、動線安排、高級洗手間等諸多規劃上，都細心檢討，為的是要做出不一樣的家電、相機、資訊 3C 專賣店。

八、贏得顧客心

在日本，YAMADA 雖是規模及營收額最大的家電資訊連鎖賣場，但就經營績效的表現及顧客心中的理想品牌，Yodobashi 公司無疑是超越 YAMADA 公司的。

藤沢昭和總經理信心十足的表示：「我們是堅持著商品的完整性要求與對接待顧客的最高水準期待的心理，做深度的切入、訓練及貫徹執行，才會贏得顧客心，也才會有今天的成果。」

九、把顧客及供應商，都放在「上帝」的位置

除了滿足顧客的要求之外，Yodobashi公司也很重視與商品供應商的互動關係。藤沢昭和總經理就認爲：「單是我們獨勝，是不足取的。唯有與幾千家供應商共生共榮，才是正確的經營之道。因爲一棵大樹下，如果圍繞在旁邊的小草都枯死了，那麼這棵大樹，終究有一天也會倒下來的。」所以，他堅持的經營理念，就是要求所有員工必須把顧客及商品供應商都放在「上帝」的位置，以眞心與熱忱來對待及服務。

Yodobashi公司今天成功的經營管理與行銷策略典範，足供國內企業借鏡參考。而建立一座讓顧客「滿足與感動的宮殿」，享受愉快、滿意與讚賞的購物經驗及評價，則是任何一家大公司及大賣場獲取連年高收益的最核心關鍵指標及內涵之所在。

問・題・研・討

1. 請討論Yodobashi公司能夠創造高收益的五項原因為何？
2. 請討論Yodobashi公司經營績效居冠的狀況及原因何在？
3. 請討論Yodobashi公司如何不斷提升全體員工的商品知識？
4. 請討論Yodobashi公司為何大量任用年輕有為的幹部？
5. 請討論Yodobashi公司如何要求廠商送貨時間在24小時內完成？
6. 請討論Yodobashi公司如何看待顧客及供應商的經營理念？
7. 總結來看，請從行銷與策略管理角度來評論本個案的意涵有哪些？重要結論又有哪些？以及您學到了什麼？

個案 24 Walgreens：關心顧客大小事，行銷致勝祕訣

不斷創新改革，在服務細節及待客禮儀上領先業界。美國最大藥妝店 Walgreens，以每 19 個小時開 1 家直營店的驚人速度，已躍升為全球最大連鎖藥妝店，創造連續 30 年營收及獲利雙成長的超優紀錄。

Walgreens 以每 19 個小時開 1 家直營店的驚人速度，在全美各州攻城掠地，目前已有 5,100 個營運據點，躍升為全球最大連鎖藥妝店。平均每天每店吸引 3,000 人次上門，比日本磁吸效應最強的 7-11 還多 3 倍。

Walgreens 成立於 1901 年，1909 年才開第 2 家店。此後穩定成長，1984 年突破 1,000 家店，1994 年開出第 2,000 家店，2001 年第 3,000 家店開張。2001 年在紐約證交所上市，2003 年店數突破 4,000 大關，2022 年年底突破 5,100 家。

2004 年，Walgreens 營收 375 億美元，獲利 13.5 億美元，創造連續 30 年營收及獲利雙成長的超優紀錄。與 1994 年相較，10 年來營收及獲利成長 4 倍。

全球第一大量販折扣連鎖店沃爾瑪，雖以其規模經濟的採購優勢，強調「天天都便宜」，但陷於水深火熱的折扣戰。Walgreens 卻以產品差異化及行銷服務創新，走出自己的路，1 支平價口紅，沃爾瑪定價 6.96 美元，在 Walgreens 卻賣 9.96 美元，硬是高出 3 美元。

Walgreens 董事長兼執行長貝莫爾談到公司的致勝祕訣，只輕描淡寫地說：「我們對顧客的事情，無所不知。」

一、了解顧客心理

全美 50 州，幅員極為遼闊，人口多元化，國民所得差距大，地域文化與消費習性亦有所不同。但 Walgreens 會從各種角度、立場及消費者情境，用心了解顧客心理，數十年來如一日。貝莫爾表示，Walgreens 不斷創新改革，在服務細節及待客禮節上，都領先業界；並從嘗試失敗中，獲得教訓及成功契機。

總經理傑佛瑞說：「Walgreens 雖有最先進的 POS 資訊科技銷售統計系統，卻不能過於相信這些資料，因為這是事後的結果，更重要的是，必須掌握事前的努力及變化的趨勢。因此，公司經營層每年要巡訪至少 1,000 家門市，與顧客及店面員工充分交換意見。」

Walgreens 高階管理層平均年資逾 20 年，因此頗能掌握顧客及員工的心理。

古典消費學的根本觀點就是大眾消費學，即針對大眾化消費者研發大眾化產品，並以大眾化行銷手段及工具推廣，達成大眾化經營的成果。但面對分眾化趨勢、消費者需求不斷改變、聽不見消費者的內在聲音等挑戰，企業必有所因應，Walgreens 也積極出招。

二、商品行銷，因地制宜

面對分眾化消費趨勢，Walgreens 自 2000 年起擺脫店面設計與標準化的經營模式。換言之，全美各地的 Walgreens 連鎖店將可以因地制宜，進貨品項、價格、促銷及服務，則因當地消費者特性的不同，而有所差異化。

Walgreens 深刻體認，過去是追逐及滿足一致性大眾的需求，今天則要滿足個別的顧客，即使是一個顧客的反映意見，也要探討背後的需求、想法及不滿。消費者的任何期望，不管做得到或做不到，也不管有無重大意義，都必須即刻反映，讓消費者感受到歸屬感。

爲了發掘消費者的內在聲音，公司高層都有掌握顧客心理的使命感及堅定信念：「對顧客的事，不可不知、不能不知、不應不知。」

美國大型醫院並不普及，因此夜間會有緊急醫藥品或藥劑師配藥的需求，Walgreens 已有三成連鎖店全天候營業，無形中提高消費者對 Walgreens 的信賴感。推出此制度時，雖有不少主管以營運成本升高、藥劑師不好找等理由反對，貝莫爾還是堅持爲顧客做最好與最及時的服務。

另外，Walgreens 有八成連鎖店已提供駕車取商品的快捷服務。當初這是針對 65 歲以上老年人設想的服務。沒想到推出後，大受趕時間的職業婦女及生意人歡迎。

爲了減少顧客結帳等待時間，Walgreens 通常只開放 1 個窗口的結帳櫃檯。但如有 3 個以上顧客等待，就會開啟第 2 個窗口，由負責商品陳列的服務人員接手結帳工作。

Walgreens 每家店面約 300 坪大，爲了方便消費者辨識產品陳列區，化妝品區以代表美麗的粉紅色系爲主；藥品區以讓人產生信賴的白色系爲主；健康食品區塗上的是自然的綠色系。

三、服務創新，滿足顧客需求

在「大眾消費已死」的反古典消費學中，Walgreens 廢止一貫的標準化營運模式，努力探索各地區不同所得層、不同族群、不同年齡消費群的嗜好，以及不斷改變的需求與期待。針對民族大熔爐的市場特性，Walgreens 也是第 1 家商品標示涵蓋英、日、法、中等 14 種國際語言的藥妝店。

最近盛傳全球零售業龍頭沃爾瑪想加入藥妝市場戰局，Walgreens 並未感到憂心忡忡。一些分析師認爲，沃爾瑪雖有壓倒性的採購優勢，但相對市場適應力較弱。

例如：沃爾瑪買下日本西友零售集團後，至今仍陷於苦戰。

貝莫爾表示：「我們的調適應變力非常快速，因爲我們了解不改變即死亡的道理。Walgreens 能在美國藥妝連鎖市場長期稱霸，是因爲我們對顧客的事，一天比一天更加用心的去了解、掌握及因應。」

Walgreens 不訴求低價，而以深入了解消費者、全方位掌握顧客所關心的大小事情，贏得他們的心，並建立行銷競爭力。面對各種可能競爭，Walgreens 一路走來，從無畏懼。

問·題·研·討

1. 請討論 Walgreens 卓越的經營績效成就如何？
2. 請討論 Walgreens 如何了解顧客心理？作法為何？為何要有這些作法？
3. 請討論 Walgreens 如何服務創新及因地制宜，以滿足顧客需求？
4. 請討論 Walgreens 高層人員的信念及對顧客的事，不可不知、不能不知、不應不知之意涵？
5. 總結來說，從本個案中，您學到了哪些行銷與策略的重要概念及技能？又啟發了您什麼？

第 3 篇

組織、領導、激勵、培訓、考核與管理實務個案篇（9 個個案）

 個案 1　台積電：前董事長張忠謀的領導與管理

張忠謀先生爲台積電前董事長，他數十年來帶領台積電邁向世界級企業及全球最大晶圓代工廠的經營管理之道，值得大家參考學習。

商業周刊特別撰寫一本張忠謀先生在台積電的各種經營、管理、與領導的訪談紀錄，該書名爲《器識》，茲將其內容摘述如下重點：

一、給未來領導人的建議

張忠謀董事長給未來領導人年輕世代，有以下幾點建議：

一是，確認你的價值觀。他認爲未來領導人的價值觀非常重要，例如：誠信就是明顯的價值觀之一。

二是，確認你的目標。

三是，在你的工作上展現出最極致的能力。

四是，學習比你職位高一階主管的工作，學習它，但不要對你的上司造成威脅。

五是，要培養出團隊精神，不能太個人英雄主義。

六是，領導人必須保持好奇心及持續學習的能量，而且持續不斷的學習。

七是，領導人必須能夠感測到危機與良機；預測危機，並趕快採取行動避免發生；而且也要預知良機，所以能夠善加利用良機，壯大企業規模。

二、願景目標與價值觀（企業文化）

張忠謀前董事長還認爲，企業必須明確地知道公司的願景目標，否則被員工問到而答不出來的時候，大家會覺得公司沒有願景，也沒有目標。

公司負責人必須找出一個較高層次的，可以讓員工視爲長遠目標，至少是十年、二十年可達到的目標。

另外，張忠謀前董事長還認爲公司必須要有自己的價值觀或企業文化。他認爲如果一家公司有很好、很健康的企業文化，即使它遭遇困境，也會很快地再起來。

台積電的願景目標，就是：成爲全球最大的、首屈一指的專業晶圓代工廠。

三、十大經營理念

張忠謀前董事長列出它在領導台積電時的十大經營理念，如下：

1. 堅持職業道德。
2. 專注晶圓代工本業。
3. 國際化放眼全世界。
4. 追求永續經營。
5. 客戶爲我們的夥伴。
6. 品質是我們的原則。
7. 鼓勵創新。
8. 營造有挑戰性及樂趣的工作環境。
9. 開放式管理。
10. 兼顧員工及股東權利並盡力回饋社會。

四、領導人最重要的功能：給方向

張忠謀前董事長認爲領導人固然要激勵部屬之外，可是底下員工究竟要做什麼事情？要往哪裡發展？這才是最重要的。他強調領導人最重要的功能，是：知道方向，找出重點，想出解決大問題的辦法或對策，這也是檢驗一個好的領導人的主要條件。

五、成功的領導：強勢而不威權

張忠謀前董事長認爲：威權領導是完全倚賴權威，是一種「一言堂」式的領導。但是強勢領導的特質，則包括：

1. 對大決定有強的主見，
2. 常常會徵詢別人的意見，
3. 對方向性及策略性以外的決定，從善如流。

張忠謀前董事長個人比較喜歡強勢領導，他相信成功的領導一定是強勢領導，因爲一個領導者要帶領公司的方向，如果沒有主見，那要領導什麼呢？

六、建立公司五大競爭障礙

張忠謀前董事長認爲建立公司的進入障礙，也是很重要的一件事，他認爲公司有五大進入障礙：

1. 低成本

在公司策略中，最普遍的競爭障礙，就是低成本。但他認爲比競爭者爲低的成本，大家都會努力做到，所以降低成本並不算是一個好的進入障礙。

2. 先進技術

這只是少數人能擁有的進入障礙，可以給予成功者一個好的定價權；一個公司如果持續有先進技術及新產品上市，就會成爲最有效的進入障礙。

3. 智慧財產權

張忠謀認爲如果有智慧權的法律保障，就會使進入障礙更加鞏固堅強。

4. 服務

進入障礙還有一項與客戶的關係，亦即與客戶的服務好不好、堅不堅固，如果客戶認爲二者間非常良好服務，口碑也很好，那客戶就會很放心且忠誠的與我方繼續往來。

5. 品牌

公司有優良信用與強大品牌，會形成很好的品牌資產，這就是永久的信賴保證與象徵。

（註：本個案資料來源，取材自商業周刊，《器識》專書。）

台積電：領導人的七項建議

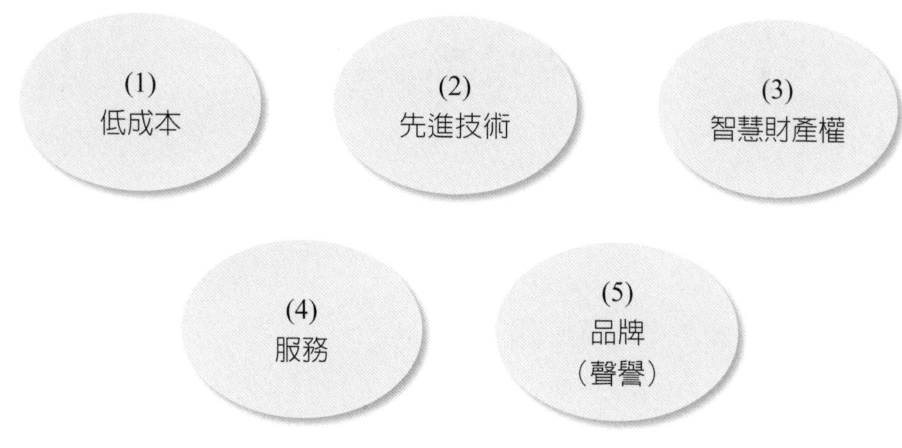

台積電：建立公司五大競爭進入障礙

問・題・研・討

1. 請討論張忠謀前董事長給未來領導人的七項建議為何？
2. 請討論何謂願景與企業文化？
3. 請討論領導人最重要的功能為何？
4. 請討論成功的領導是強勢而不威權的意思為何？
5. 請討論建立公司的五大進入障礙為何？
6. 總結來說，從此個案中，您學到了什麼？

 個案 2　美國迪士尼：成功的 CEO 領導出成功的迪士尼

一、市值成長三倍

2020 年 2 月，剛卸下 CEO 執行長的羅伯特・艾格（Robert Ager），他在任迪士尼執行長十五年期間，讓迪士尼的市值成長 3 倍，獲利超過 4 倍，是迪士尼史上成功的 CEO。迪士尼 2020 年 2 月時的總市值達 2,000 億美元，較 2005 年時，成長 3 倍之多。

2020 年度，迪士尼公司旗下的各事業體營收占比如下：

1. 主題樂園與度假村：占 37%。
2. 電視影集媒體：占 35%。
3. 電影娛樂：占 15%。
4. 消費性產品：占 13%。

二、對董事會提出三大優先任務

艾格在通過董事會任命爲執行長之前，曾經經過嚴謹的面試，最後才通過。他對董事會提出上任後的三大優先任務，分別是：

1. 投入優質內容。
2. 以科技改革產品。
3. 成爲一家眞正全球化的公司。

事實證明，自 2005 年起，這三大任務也是艾格領導迪士尼的指導願景，至今未曾改變。從此之後，艾格將此三要點原則奉爲圭臬，並不斷跟同仁重複闡述。

三、透過併購，加速成長

艾格執行長覺得光靠自身力量，並沒有辦法快速成長，因此他下定決心，要加速併購同業間的好公司，來補迪士尼自身的不足。

他在任十五年間，成功的併購了下列四家好公司：

1. 2006 年，以 74 億美元併購「皮克斯」。
2. 2009 年，以 40 億美元併購「漫威娛樂」。

3. 2012 年，以 40 億美元併購「盧卡斯影業」。
4. 2019 年，以 713 億美元併購「21 世紀福斯」。

這些公司比較暢銷的電影如下：

1. 漫威	(1) 鋼鐵人
	(2) 美國隊長
	(3) 雷神索爾
	(4) 金鋼狼
2. 盧卡斯	(1) 天行者路克
	(2) 莉亞公主
3. 皮克斯	(1) 巴斯光年
	(2) 小丑魚尼莫

艾克執行長在總結這些併購案談判時，有如下幾點要特別注意，才能成功談成：

1. 要尊重原有公司的品牌及員工。
2. 要讓原有公司的團隊繼續自主管理。
3. 要先理解對方的疑慮，才能將心比心的對話。
4. 要信守對他們的承諾。
5. 要爭取到他們的信任。

四、如何領導迪士尼二十萬人的團隊

艾格如何領導迪士尼龐大的組織體，他提出以下八點他的心得：

1. 聆聽

艾格表示，做高階領導人，你得聆聽其他人的問題，協助尋找解決方案；唯有聆聽，才能真正引領人心。

2. 尊重

其實部屬要的不多，他們只是要執行長的尊重與肯定，證明部屬他們自己的價值而已。

3. 放下身段與驕傲

艾格認爲一個人擁有太久權力，未必是件好事；因爲權力可能變成自負、驕傲、不耐煩、不屑別人的意見、慢慢專斷、部屬不敢提創新意見。因此，艾格也認爲一旦拋開迪士尼執行長頭銜，他自己也只是一個普通人而已。

4. 回歸初心，以誠待人

只要能以誠待人，就能讓無數的人，願意與他合作。

5. 切勿不懂裝懂

艾格指出，無論你是空降、進入新職場或接下新任務，第一守則就是切勿不懂裝懂。你必須問你需要問的問題，坦承你有不懂之處，而且不用爲不懂抱歉，同時你要做好功課，盡快上手。艾格表示，底下這群人都是來幫你做事的，是你要帶著他們往前走，大家各司其職，效益才會高。

6. 要樂觀！不要悲觀

艾格指出，領導者的樂觀很重要，特別是在面對挑戰的時刻，被你領導的人，如果看見你悲觀、對未來沒信心，那麼組織就會瞬間潰敗。領導者一定要有信心、要正面思考、要看到夢想、要樂觀、要起而行、要往前走。

7. 別做只求穩健的事，要做有可能創造卓越的事

艾格指出，人類的天性都喜歡做穩健的事，但穩健太久，就變成沒有創造性，沒有創造性，就不會有突破性的進步與邁向卓越、更加成長。因此，他主張：穩健與創造性要並重。

8. 直覺的力量

艾格領導過程中，經常要做決策，但有時候很難下決策。他說：無論你掌握多少資訊，最終仍有風險，要不要承擔風險，取決於個人的直覺、直觀能力，別輕忽最後直覺、直觀的力量，而能獨排眾議。

(1)
2006 年：
併購皮克斯
（74 億美元）

(2)
2009 年：
併購漫威娛樂
（40 億美元）

(3)
2012 年：
併購盧卡斯
（40 億美元）

(4)
2019 年：
併購 21 世紀福斯
（713 億美元）

迪士尼：透過併購，加速成長

(1)
聆聽

(2)
尊重

(3)
放下身段與
驕傲

(4)
回歸初心，
以誠待人

(5)
切勿不懂
裝懂

(6)
要樂觀！
不要悲觀

(7)
穩健與創新、
創造並重

(8)
直覺的
力量

艾格執行長：領導迪士尼的八大要點

問・題・研・討

1. 請討論近十五年來，迪士尼的企業市值有何變化？其各事業體營收占比為何？
2. 請討論艾格對董事會提出他上任後的三大優先任務為何？
3. 請討論迪士尼有哪四次的併購？艾格在併購談判時的五大要點為何？
4. 請討論艾格執行長在領導迪士尼的八項要點為何？
5. 總結來說，從此個案中，您學到了什麼？

 個案 3 雲品國際總經理：15 分鐘開會的獨特管理哲學

一、15 分鐘一場會

雲品國際公司為國內知名觀光大飯店集團，旗下有多家大飯店，2022 年營收額為 26 億元，獲利額為 2.3 億元，獲利率 9%。該公司總經理丁原偉有其獨特的開會哲學。他一場會議時間只有 15 分鐘，一天最多開 14 個會，每週最多 30 個會；他工作的項目，包括：視察大飯店營運狀況、開發新事業、與外部廠商協商合約、到新工地視察等。丁總經理 15 分鐘高效能開會，開完會，他一定給部屬答案，所有問題都解決了。

二、開會模式特點

雲品丁總經理開會模式，有以下九點特點：

1. 開會時，部屬不必準備太多文件，也不必報告太多數字。
2. 開會時，只要帶著問題，與解決問題的幾個行動方案，他會裁定用哪個方案。
3. 部屬提出的方案，必須包含 5W1H，即：
   W（Why）：原因為何
   W（Where）：地點在哪裡
   W（What）：何事
   W（When）：執行時間
   W（Who）：誰來執行
   H（How）：如何執行、如何做
4. 丁總經理不談業績數字，因為他每天會從財會單位得到各事業單位的相關營運數字；他要聽到的是，你帶來的問題，以及你想怎麼解決？
5. 丁總經理開會禁止用模糊的字眼，例如：月中、月底、大概、好像、不太可能、可能等。
6. 如果事業部門業績好，他會問：你做對了哪些事？賣對了哪些東西？如果業績不好，他也會問：改善行動方案是什麼？他決定之後，就支持部屬，如果失敗，做總經理的也會一肩扛起，他也是負有責任的，不是只有部屬的錯。

7. 丁總經理開會時，不喜歡聽理由，也不想聽太多失敗的過程，他只要有效的解決方案就好。
8. 在這 15 分鐘裡，他大概會聆聽主管們報告及回答他們，約 10 分鐘，剩下 5 分鐘則是他的分享時間，他會對未來三個月、一年、三年的未來發展變化與方向發表看法，讓大家都有心理準備。此即他想與各級主管溝通觀念，若大家觀念都一致了，都對了，那大家就知道公司方向，就會有執行力，也就不太需要經常開會。
9. 丁總經理也要求各級主管報告時，表達要明確、要簡短、要流暢，至於內容，各級主管長久下來，也都知道他要聽什麼或不聽什麼。

三、結語

以上是丁總經理每次 15 分鐘開會祕訣，他表示：「其實不是他有效率，而是他要求他們（各級主管）要有效率！」

問・題・研・討

1. 請討論雲品丁總經理開會 15 分鐘的九項特點為何？
2. 請討論何謂 5W1H 原則？
3. 請討論丁總經理開會結束前，都要講一些話，請問他講什麼？為何要講此話？
4. 總結來說，從此個案中，您學到了什麼？

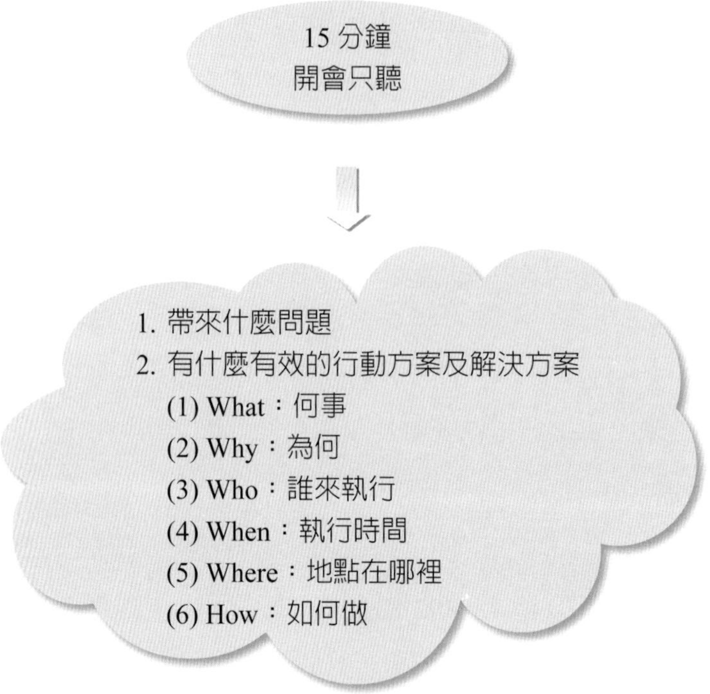

15 分鐘
開會只聽

1. 帶來什麼問題
2. 有什麼有效的行動方案及解決方案
   (1) What：何事
   (2) Why：為何
   (3) Who：誰來執行
   (4) When：執行時間
   (5) Where：地點在哪裡
   (6) How：如何做

雲品丁總經理：開會 5W1H 原則

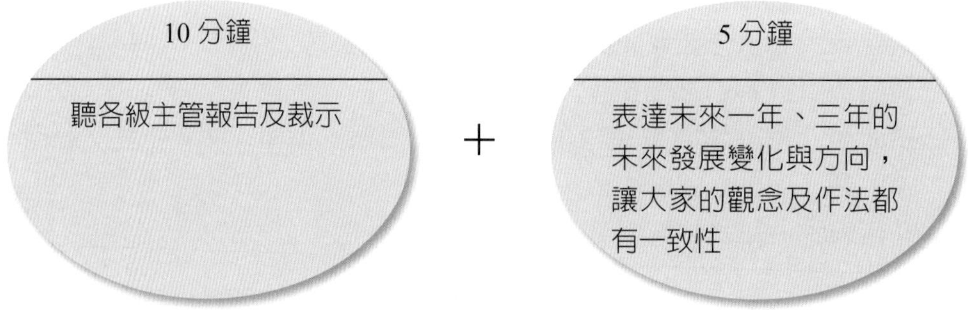

10 分鐘		5 分鐘
聽各級主管報告及裁示	＋	表達未來一年、三年的未來發展變化與方向，讓大家的觀念及作法都有一致性

雲品丁總經理：開會 15 分鐘

個案 4　日本日立、豐田：僱用大變革

一、日立董事長廢除終身僱用年資制

2020 年 4 月，約 600 人進入日立製作所的新進員工，即將成為「後終身僱用」的第一代。

一直以來，按照年資升遷的「年功序列」及「終身僱用制」，奠定了日本企業的僱用模式。但日立董事長中西宏明最近認為「終身僱用制度」已到極限。

年功序列制，已顯示出員工缺乏自主學習，以提升職業生涯的意願，尤其是在 40 歲後半到 50 幾歲的中年階層，薪資雖然愈來愈高，但對公司的貢獻度卻不成正比例。

中西宏明董事長表示，「年資制度絕對要廢除」，要從過去的「通才型」轉向為「專才型」。

日立集團人資長表示：「若日本特有的終身保障僱用制持續下去，日立將在全球競爭中被擊潰。」

人資長也表示，歐美的主流僱用模式屬於「專才型」，依據職務說明書，明確界定每個職務內容；公司也依據勞動市場上的薪資水準，來聘用相對應的人才，完全不考慮年資長短與終身僱用。

二、豐田汽車提薪資制改革，依考績加給，用能力做評鑑

如同日立集團一樣，豐田汽車同樣要求每一位員工，主動建立自己的職業生涯。2020 年 4 月，豐田改變體制，廢除目前共六位副社長，改為在社長之下設置平行的執行董事職位。廢除副社長是為了讓習於依附於組織的員工，包含幹部在內，都能夠改變意識。

因為傳統的年功序列的人事制度，是以年資為升遷的依據，讓為數不少的員工只想依附於公司，因而缺乏危機意識。

2021 年春天，豐田也提出薪資制度的改革，即廢除均一加薪制，改由依據考績來提高加給。此外，缺乏意願開創自我職涯的人，也將不再被公司需要。

以上述日立及豐田為代表，象徵廢除日式終身僱用制及年功序列制，其他企業

也開始效法。

三、提前退休破萬人，日本上市企業加速「盈餘裁員」

實際上，不少日本企業雖然有賺錢，但仍加速進行「盈餘裁員」。

2019 年，日本就有 36 家上市企業募集提前退休者，募集人數超過一萬一千人之多，其中八成都是「盈餘裁員」。這些企業的人資長都表示：

1. 在公司變遷的當下，應該要讓員工思考，是否有決心願意持續自我改變、自我革新、自我進步。
2. 要讓員工思考，他們能爲公司做出重要貢獻。
3. 資方已做出宣告：長期僱用制將逐步廢除。
4. 企業在迫使員工求新、求變的當下，員工個人爲了自己，也要建構起專才價值的職業生涯。
5. 人事新機制，將給更努力的人，更多的回報。
6. 往後，對全體員工都不可能再一視同仁了。

問・題・研・討

1. 請討論日本豐田汽車及日立公司有哪些人事僱用的大變革？為何要有這些大變革？
2. 請討論何謂「盈餘裁員」？為何要有此作法？
3. 總結來說，從此個案中，您學到了什麼？

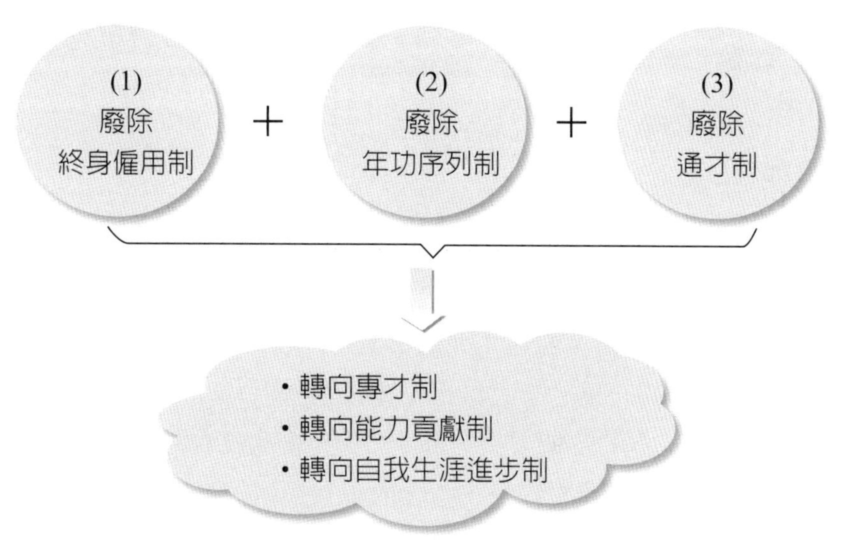

日本豐田、日立：僱用大變革

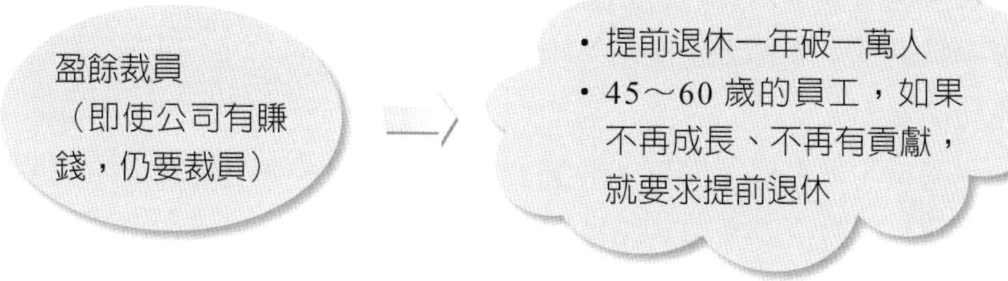

日立企業：盈餘裁員

 個案 5　安斯泰來：日本第二大藥廠的管理哲學

一、公司概況

Astellas（安斯泰來）是 2005 年，由山之內製藥與藤澤藥品兩家公司合併而成的。

安斯泰來，在 2022 年營業額達 1 兆 5,000 億日圓，約 3,500 億臺幣，僅次於武田製藥公司。目前全球約一萬七千名員工，非日本人占六成，海外營收額占 70%。

2005 年因合併而成立的安斯泰來，僅 15 年就成爲日本製藥廠的老二，關鍵之一是在經營上結合了兩家公司的資源；山之內專長爲泌尿系統領域，藤澤公司則擅長免疫與移植領域，合併後，又持續研發，全力開發癌症新藥。

二、管理哲學

2011 年，畑中好彥正式升任爲安斯泰來的社長，2018 年成爲董事長。上任後，他帶領公司進一步全球化，首要是培養國際化的多元人才。

畑中董事長認爲：「過去的成功，不一定保證明日的成功。只有不斷地改變及改革，才能獲得安定。」

在經營會議中，他倡導「簡報 1 分鐘」制度；提案者不須要在會中說明提案內容，而是在事前將內容交給負責評議的幹部，而這些幹部有義務在事前閱讀資料，以便提案者做完 1 分鐘報告後，立刻做出決定，如此效率及效果會更好。當然，簡報 1 分鐘只是要求的目標，通常再複雜的會議也會在 1 小時內完成。

另外，畑中董事長也鼓勵「站立開會 10 分鐘」；他說有事要跟各部門同事協商時，儘量不召開會議，而是經常自己跑去各部門，把人找齊，用站的，10 分鐘內開完會。

2009 年 4 月，他率先推出週五提前 2 小時下班的制度，讓員工在 4 點就可下班，同業都很羨慕。

三、視研發爲命脈

畑中董事長深知經營管理必須與時俱進，除了掌握原先優勢外，也積極在主力

產品專利期限過後，仍堅持持續研發新藥。

安斯泰來公司的口號是「明天是可以改變的」，爲了實踐口號目標，畑中董事長推出兩個重要策略：

一是，視研發爲命脈。

二是，強化企業社會責任。

在研發上，該公司對研發人員非常優遇，毫不手軟。因爲研發有競爭力的新藥，須要有優秀的研究員。

他對這些開發人員充分授權並給予高薪，高階研究員年薪可高達 2,000～3,000 萬日圓之高（約 540～800 萬臺幣）。

2021 年，該公司將研發費用提高到占年營收額的 17% 之高。

畑中董事長認爲藥物使用涉及人體安全，因此必須獲得社會大眾的信任；因此，該公司也不斷落實企業社會責任，支持或贊助偏鄉與社會弱勢族群。

問・題・研・討

1. 請討論安斯泰來公司的現況為何？
2. 請討論安斯泰來公司的管理哲學為何？
3. 請討論安斯泰來公司如何重視研發？
4. 請討論安斯泰來公司的成功五大要素為何？
5. 總結來說，從此個案中，您學到了什麼？

安斯泰來：成功的五大要素

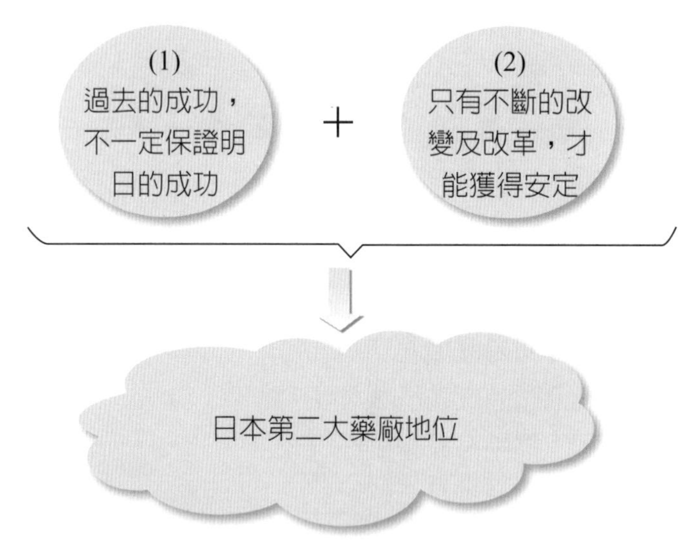

安斯泰來：不斷進行改變及改革

個案 6　台積電：揭開不敗祕密的招人術

一、台積電企業市值已超越美國英特爾

巨人的較量，比的是持續增長的實力。十年前，台積電市值僅接近 1.5 兆臺幣，與半導體巨擘英特爾高達 4.7 兆臺幣的市值（1,477 億美元），差距 3 倍以上，根本難望其項背。

2022 年 5 月 13 日，台積電股價為 450 元，市值已超過 9 兆臺幣，超過美國英特爾的市值 4.59 兆臺幣（1,401 億美元）。

二、尖端技術已超越三星及英特爾競爭對手

台積電與英特爾實力的消長，不僅反映在表面的市值變化，半導體業賴以競爭的核心——人力，也出現了彼消此長的形勢。英特爾宣布於 2017 年中全球裁員 1 萬 2,000 人，是近十年來最大規模的裁員計畫，裁員數將高達員工總數的 11%。

反觀 2012～2015 年，台積電員工人數增加 1 萬多人，全球員工數達 4 萬 5,000 人。2016 年 3 月，台積電在臺大舉辦校園徵才活動上，更喊出 2016 年將增加 3,000～4,000 位工程師等職缺，2016 年員工人數上看 5 萬人。

中華電信董事長、台積電前執行長蔡力行曾對媒體說，1990 年代末期，當時台積電的奈米製程技術還遠遠落後英特爾，但張忠謀在會議上卻問研發部門負責人：「我們的技術路徑圖，什麼時候可以和英特爾一樣？」這句話令他相當震撼。

在當時，這是台積電員工連想都不敢想的念頭；但時至今日，台積電憑藉著深蹲馬步累積的十多年功力，不僅領先業界投產十六奈米 FinFET（鰭式場效電晶體）製程，還從三星手中搶回流失的高通訂單，並吃下蘋果 2017 年在 iPhone 7 裡搭載的 A10 處理器全部訂單，台積電占全球晶圓代工產業的營收市占率 60%。

三、提出「夜鷹計畫」，深植台積電研發部門的血液中

張忠謀在 2016 年第 1 季法說會時表示，2017 年十奈米製程量產後，一開始就可拿下高市占率，在全球市場居領先地位。對照英特爾宣布十奈米延後至 2017 年下半年投產，台積電在十奈米製程至少領先英特爾兩個季度。據了解，台積電早有

團隊在研發七奈米及五奈米的製程，並開始小規模的試做。

就是爲了在投產時間上領先群雄，張忠謀早在之前提出「夜鷹計畫」，要以24小時不間斷的研發，加速十奈米製程進度。作爲台積電先進奈米製程的研發基地，夜鷹部隊挑燈夜戰、追趕更新製程研發進度的精神，早已深植台積電研發部門的血液中。就像位於台積電新竹總部的12B晶圓廠10樓，也經常燈火通明。

四、台積電最重要的資產：員工

人才，絕對是台積電在短短十年內，可以超越競爭對手的最大祕密武器。張忠謀多年來在對內、對外談話時都不斷強調，台積電的成功關鍵是，「領先技術、卓越製程、客戶信任」。而建立起這三項競爭優勢的，都需要張忠謀口中台積電最重要的資產——員工，他期望員工能在工作上全力以赴，成爲公司成長的堅實後盾。

業界都知道，全臺灣最優秀的工程師，幾乎都被台積電給網羅。「台積電一年要招募至少4,000位工程師，臺、成、清、交畢業生都被找走了……。」矽品董事長林文伯道出其他公司在招募人才的無奈。

爲了建立精銳兵團，台積電人資部門每年都耗費龐大的時間與心力，在全球積極幫公司找出一流人才，爲台積電締造更大的成長與價值。「台積電人力招募部門多達40幾人，但經常要加班到11～12點才能下班。」一位台積電前人資職員對於人資團隊的工作時間描述，令人大感意外。

五、吸取優秀人才的作法

原來，除了每年3～4月校園巡迴徵才之外，6月畢業潮、10月到年底的轉職潮、11月研發替代役的前後時間，全都是台積電人資部門最忙碌的時期，其目的就是大舉網羅全臺各大名校的頂尖學生。

除了校園巡迴徵才外，爲了搶先吸納一流人才，台積電更以重金資助臺大、成大、清華及交大等特定實驗室，以建立綿密的徵才網絡。例如：臺大無線整合系統實驗室、臺大DSP/IC設計實驗室、清大工業工程管理系教授簡禎富教授領軍的決策分析研究室等，從中挑選出頂尖人才後，主動談年薪與紅利。「台積電對特定實驗室的招募，會有特別的Contract（合約）、Package（薪酬組合），一年比同職等員工多幾十萬元。」一位畢業於清大資工所的台積電前工程師指出。

台積電還把眼光瞄向海外，以厚植其全球的競爭人才。例如：每年 4、5、10 月之前，台積電人資部門還要忙著在人力銀行搜尋全球百大名校的學生，從中挑選出台積電想要的人才，以電子郵件密集聯絡，由部門與人資主管遠赴哈佛、麻省理工學院、史丹佛、普林斯頓等台積電有合作的全球百大名校，親自面試這些優秀學子，談定優渥的年薪、紅利與職務，提前預約這些全球頂尖人才。

在台積電，碩士學歷人數達 1 萬 7,837 人，比重高達 39.4%；而頂著博士學歷的，也有近 2,000 人，可謂人才濟濟。「我剛來台積電的時候，沒有信心可以出類拔萃。我是碩士畢業的，裡面一堆海歸派，且博士非常多，現在裡面主要的研發人員總共有 4,000 人，約一半都是博士。」一位台積電內部研發工程師道出內部高學歷的頂尖人才眾多，要熬出頭大不易的內心想法。

〔資料來源：郭子苓（2016），〈揭開台積電不敗祕密的招人術〉，《商業周刊》，第 1392 期，2016 年 7 月，頁 28～35。〕

問・題・研・討

1. 台積電與競爭對手英特爾的企業市值有何變化？為何會產生這些變化？
2. 何謂台積電的「夜鷹計畫」？為何要推出此計畫？
3. 台積電的三項競爭優勢為何？
4. 員工為何是台積電公司最重要的資產？
5. 台積電公司如何吸納到優秀人才？他們有何作法？
6. 綜合來說，從此個案中，您學到了什麼？有何啟發？

個案 7　聯合利華：人事培訓晉升

名列美國《財星》第 68 大企業，橫跨食品業與家庭個人用品業，旗下擁有康寶、立頓、多芬、旁氏等知名品牌的聯合利華公司，一直是國內新鮮人最嚮往的外商公司之一。

一、經理級幹部二個來源

以聯合利華的經理級管理職位來說，人才主要來自二個管道，一是每年 5、6 月大規模的儲備幹部招募計畫；另一是公司內部表現優異，具有擔任主管潛能的員工。從比例來看，目前聯合利華的經理級幹部，出身儲備幹部者與普通員工晉升者各占一半。每年畢業季，聯合利華的財務部門、客戶發展中心、行銷部門、研發部門、供應鏈部門、人力資源管理部門，都會針對社會新鮮人展開大規模的儲備幹部徵選，進行爲期三年的經理級幹部培育計畫。

二、輪調制度

一個專業經理人的養成，三年是較理想的期限。在儲備幹部培訓過程中，不但要到各部門輪調，還要接受內部與海外的各種訓練。在輪調方面，聯合利華會請部門主管寫一份明確的計畫，內容包括了讓這名儲備幹部做什麼、學什麼？是與客戶談判的技巧，或是企劃的技巧？派去某個部門的考量是什麼？

三、內部訓練與海外訓練

以內部訓練來說，聯合利華設有訓練經理（Training Manager），針對各部門需求，安排包括行銷等專業技能課程，或是溝通等一般技能課程，聘請國外顧問來上課。而海外訓練則提供給未來可能的經理人選，主要有 2 個訓練重點，一是專業技能，另一爲領導能力培養。聯合利華針對全球的經理幹部，每年都有專屬的訓練課程，由各地分公司提名參加，受訓的地點可能在亞洲，也可能在英國總部，通常儲備幹部錄用後，大約二年有機會出國受訓。

四、「諮詢長」協助新人發展

此外，聯合利華還有「諮詢長」的制度，由高階主管定期與新的經理人面談，解決工作上遇到的問題與瓶頸。每一年人資還會與部門高階主管，共同與儲備幹部、有潛力的員工們，談談他們的生涯規劃安排，以及公司對他們的看法與期望。

五、升遷考核

除了儲備幹部外，一般的員工如果表現優異，同樣有晉升的機會。不同的是，儲備幹部每6個月評估1次，一般員工則是在每年年底，由公司中高層主管開會評量績效表現，列出有潛力的人選。聯合利華提供一套潛能（Competency）的評定標準，作爲主管考核的依據，其中包含十一個項目，分別是：

1. 洞察力（Clarity Purpose）。
2. 實創力（Practical Creatively）。
3. 分析力（Objective Analytical）。
4. 市場導向（Market Orientation）。
5. 自信正直（Self Confidence Integrity）。
6. 團隊意識（Team Commitment）。
7. 經驗學習（Learning From Experience）。
8. 驅動力（Development Others）。
9. 領導力（Entrepreneurial Drive）。
10. 發展他人的能力（Development Others）。
11. 影響力（Influencing Others）。

在聯合利華，若有心想晉升主管，年資或年齡並非問題，而是你是否已經準備好了，是不是具備專業與成熟的技能。

問・題・研・討

1. 請討論聯合利華公司經理級幹部的二個來源為何？
2. 請討論聯合利華公司內部及海外訓練的狀況為何？
3. 請討論聯合利華公司設立諮詢長的目的何在？
4. 請討論聯合利華公司晉升為主管的十一個評核項目為何？
5. 總結來說，您對本個案有何心得，從中又學到了什麼？

個案 8　金元福：臺灣最大塑膠包材成功的經營與管理

一、公司簡介

金元福包裝企業，係由董事長陳志堅於 1978 年成立，主要產品爲食品包裝容器，例如蛋糕盒、水果盒、食品盒……等，該公司是亞洲產能最大的塑膠眞空成型容器廠。在臺灣的樹林、鶯歌及宜蘭冬山均有設廠，員工計 510 人之多；該公司 2021 年營收額爲 54 億元，95% 爲外銷美國市場，獲利也來自美國市場。

2002 年，因政府限塑政策，故使金元福公司大量轉做外銷，經營美國主力市場。該公司在美國市場，主要賣給連鎖餐廳、超級市場、食品工廠等。5% 則銷售給國內的義美、桂冠、乖乖食品廠及全聯、家樂福、好市多等大型賣場通路。

金元福公司董事長於 2015 年因病逝世，由其女兒陳郁卉接起棒子，擔任執行長 CEO。

二、如何打進美國市場

當初成功打進美國，是採取少量多樣的策略。所謂的少量，是相對於美國當地廠商的生產量。他們還希望一條產品線可以整年不換模，押出機也不用換線，客人很難有自己的 Logo、設計，但金元福可以，我們就專接當地廠商不願意接的單子，再做客製化。也因爲這樣，慢慢發現我們外包請別人做的模具，速度跟不上，而且也擔心客製化的機密外洩。我們就在 2009 年擁有自己的模具廠，以後模具都改爲自己做。

陳郁卉執行長表示，初期也是仰賴客人的設計，再改成我們能做的模具，比較像 OEM（委託製造）。這個過程就像練功，讓我們知道自己缺什麼能力與人才，就開始建立自己的設計團隊。這是很長的學習曲線，從向美國客戶學習模仿起步，在市場有一定的能見度後，再去培養自己的研發團隊，轉成爲每家客戶的客製化。累積過去十多年跟國外客戶來往經驗，把這套複製到國內，現在我們可以爲客戶提供 ODM（委託、設計、製造）服務。

例如，要做一個抹茶蛋糕的包裝，客戶給出長寬高之後，我們就可以直接畫草圖，提案通過後，開始建 3D 檔，再轉到模具部，馬上把原型（Prototype）打樣給客人看，整套廠內就可以做好。

我們希望包裝不只是用來盛裝或保護食物而已，而是消費者打開那一刻，可以感受到美感及好的體驗。

三、如何維持 20 年營收都成長的動能

2006 年，金元福公司遇到一個到現在仍是最大的客戶，它以前是同業，有人脈、通路，但不想開工廠，最後找上我們。這些年我們營收翻幾倍，它大概就翻幾倍，可以說是共同成長，在他們身上學到非常多。

一開始，跟這個客戶合作，要開很多模具，陳郁卉覺得很貴，但她父親陳志堅董事長卻說：「這錢沒花下去，市場不會打開。」金元福公司業務可以一直成長，有部分是來自於董事長的遠見。

陳郁卉執行長表示：「一路下來有很多事，我們都是相信它有未來，而且是做對的事情，就先做在前面。不是說嘗到甜頭，或客戶承諾我什麼再做，那會喪失很多先機。」

金元福公司有很多客戶都合作超過 15 年以上，互稱 Partner，像家人的夥伴。可以合作這麼久，關鍵在於金元福公司非常信守承諾，且說到就會做到，客戶都很放心；如果是金元福有錯，也會勇於負責，把問題處理好。

四、找人才、建制度、懂授權

陳郁卉到父親過世後，接手執行長位置。她表示，接任 CEO 時，第一個要求生存，業務先抓，訂單及客戶都要穩；有訂單就要生產，因此，就要管好生產，如果出貨一直錯，就再拉品質進來。

陳郁卉在她父親身邊做業務 16 年，現在的客戶也幾乎是那時候打下來的，這塊沒什麼問題。剛接班時，一開始業務不敢放，這是命脈，客人習慣跟我接洽，也覺得直接對老闆階級的人，可以馬上拍板定案。

現在陳郁卉學會放權，某些層級的事，就讓員工決定，也要讓客人習慣不要每件事都要到我這邊來。一開始，陳郁卉不太敢放手，不是不相信別人，應該說連她都不相信自己會做好，怎麼放手給別人？後來，因爲團隊愈來愈成熟，我也知道再不放手什麼事都要老闆（她自己）御駕親征，不但自己消耗太多，也代表朝中無

大將。陳郁卉表示：「你不可能一個人做所有事情，一定要有團隊為你做事、謀事。」

陳郁卉身有所感的認為：「現在公司眞的在我身上了，才發現眞的需要有制度及團隊。制度好了、人對了，就算我不是 CEO，誰接這個位置，公司都可以平穩發展，這才是健康的公司。」

五、公司要永續經營

接班一開始，陳郁卉只想先把公司穩定下來，持續有獲利。一切穩定之後，就開始想變更大，但公司更大就更好嗎？還是維持現狀也可以更好？你會在二者間猶豫。那時候就卡在，想把公司做更大、更國際化，正好有 PE（Private Equity，私募公司）找上門，就想是不是透過他們把外部人才帶進來，陳郁卉也輕鬆一點。

陳郁卉表示，與 PE 私募公司互動，就像在梳理、條理化公司的優缺點，發現他們沒有自己想像的不好，對方也給金元福公司很高評價，陳郁卉也發現只要給員工足夠的資源，或放更多權力給他們，他們都可以表現得更好。

因為這樣，陳郁卉反而更確定自己在公司的使命，也想傳承金元福的文化。在跟 PE 公司說出她想自己再試試看之後，眞的是下定了心錨，而當我的心定了、方向也定了，同仁們也跟著安定下來。之後，公司就系統化的做 SDGs（聯合國永續發展目標）及成立 ESG（環境、社會、公司治理）委員會。

陳郁卉表示：「整個過程好像女生在坐月子、調體質，知道哪裡不好，就把它補好，有缺失當然還沒補滿，但是，我很清楚哪些要補，以及要找什麼樣的人才。我很清楚找 PE 賣公司不是我要的，我要走永續；把公司經營好，吸引對的人才進來，把同事照顧好，做事有成就感，成為有影響力的人！」

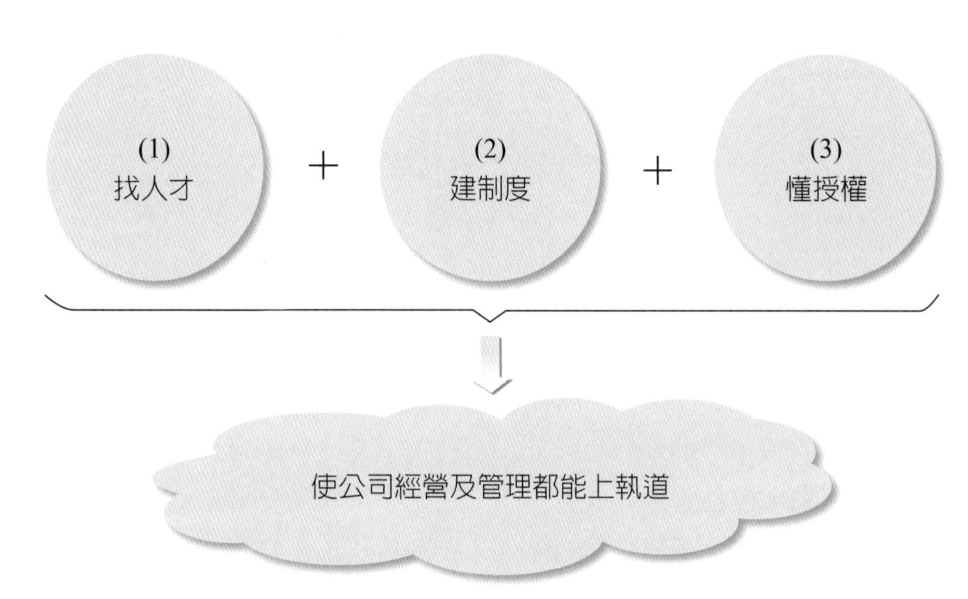

金元福：成功企業的管理三要訣

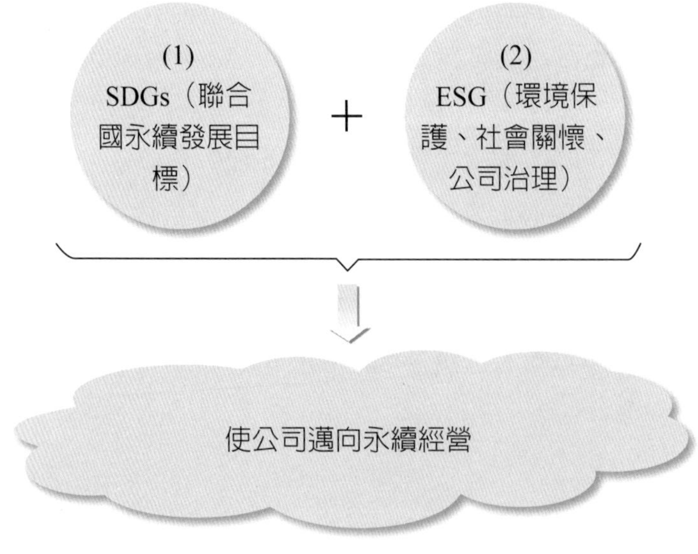

金元福：邁向永續經營做好二件事

問・題・研・討

1. 請討論金元福公司簡介。
2. 請討論金元福公司如何打進美國市場？
3. 請討論金元福公司如何維持 20 年營收都成長的動能？
4. 請討論金元福公司成功企業管理三要訣為何？
5. 請討論何謂 PE 公司？
6. 請討論金元福公司要永續經營的心路歷程如何？
7. 總結來說，從此個案中，您學到了什麼？

 個案 9　臺灣麥當勞：招聘正職員工，搶人才

一、升級體驗，才能站穩腳步

2021 年 8 月，臺灣麥當勞首度大規模招募 1,300 名正職服務員，將採固定上班時段制度，並享有休假及年終獎金等福利，2021 年 9 月展開受訓。

過去，臺灣麥當勞的服務員以兼職爲大宗，吸引學生族群賺外快，被外界稱爲「打工仔搖籃」，全臺平均每 80 人，就有一人曾經在此打工。

身爲速食業龍頭，且效率經營至上，它爲何開始招聘正職服務員？

這背後，不僅是人力的重新配置，更宣示麥當勞的轉型大計。

鏡頭來到美國麥當勞總部。2021 年 8 月 1 日，麥當勞全球第一個首席顧客長（Chief Customer Officer, CCO）斯泰亞特新上任，他的任務是領導顧客體驗團隊，以改善整體的消費流程。

美國麥當勞執行長坎普辛斯基表示：「我們成立之初，餐廳的體驗相對簡單，但如今有得來速、24 小時外送及路邊取餐等多元通路，必須打造更順暢的體驗。」2021 年，全球麥當勞的業績營收及獲利均較 2020 年有大幅成長。但，執行長認爲：「唯有加速轉型，提升顧客體驗，才能站穩腳步。」

二、鞏固人力，是核心議題

其實，2021 年後疫情的餐飲業，全球陷入大缺工困境，就連美國麥當勞也不能免除。

「人才市場競爭激烈，留才是推動業績增長的基礎。」美國執行長宣布，美國麥當勞平均薪資將提高 10%，目標是在 2024 年之前，計時人員時薪將達 15 美元。

此刻，(1) 如何鞏固人力，(2) 如何強化服務體驗，將成爲全球麥當勞最核心的二大議題。

在臺灣麥當勞，也是面臨同樣壓力，讓它不得不祭出新招。

臺灣麥當勞人資部副總藍郁琇表示，過去麥當勞的計時人員高達 4 成是學生，常常碰上考試等狀況就集體請假，讓人力調度陷入困境，面對同業競爭及人口負成長等衝擊，改變勢在必行。該公司的改變，即是透過招聘正職服務員，吸引一批具

有向心力的穩定人才，成爲轉型關鍵推手。

三、正職員工發揮更大效益

臺灣麥當勞訓練學習發展部協理朱黛芬表示，即便正職服務員的投注成本較高，但若考量對工作的穩定度及投入程度，正職員工將能發揮更大的效益，並且提升品牌資產價值。

事實上，在2020年時，他們導入31名正職服務員做小規模測試，就產生意想不到的好效果。正職員工對自我的要求，比我們想像中還要高。尤其，正職員工會主動經營熟客關係，鞏固熟客的回店率。

四、如何培訓

臺灣麥當勞推出全新的培訓人才計畫。他們採行「訓用分離」，將培訓與用人分開。

過去，由各家門市開出職缺，並負責面試及培訓，但如今包含招聘、培訓及分發，都由總部管理，目前選出22家標竿門市，成爲訓練中心。

同時，它祭出8週到10週的培訓課程。過去，兼職的工作內容較單純，30天內學會3個工作站即可；如今，正職服務員得學習30個工作站，並且通過鑑定才能上工。

這樣的好處是，總部能掌握服務員的品質，並依照員工的特質及表現，分派到合適的門市工作，增加營運效率。

在這過程中，麥當勞也學著增加管理彈性，並提供客製化的升遷管道。

五、現今顧客爲大

以前臺灣麥當勞是確保效率，但現在更側重的是：「以顧客爲中心的流程。這一步有示範效果，重新思考服務員的價值！」

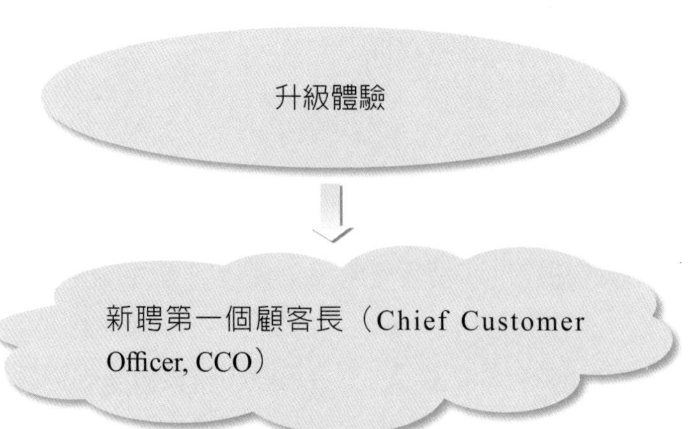

美國麥當勞總部：升級體驗才能站穩腳步

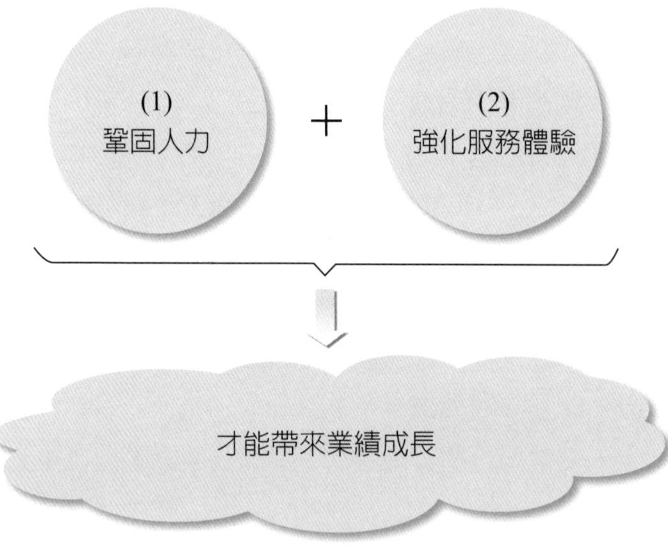

麥當勞核心二大議題

問・題・研・討

1. 請討論美國麥當勞總部為何要聘請第一個顧客長呢？
2. 請討論全球麥當勞的核心二大議題為何？
3. 請問臺灣麥當勞為何要聘正職服務員，而停掉工讀生呢？
4. 請問臺灣麥當勞如何培訓正職服務員？
5. 總結來說，從此個案中，您學到了什麼？

國家圖書館出版品預行編目(CIP)資料

企業管理：實務個案分析／戴國良著. 一一八版. 一一臺北市：五南圖書出版股份有限公司, 2023.03
面； 公分
ISBN 978-626-343-846-0 (平裝)

1.CST: 企業管理 2.CST: 個案研究

494 112002001

1FPS

企業管理：實務個案分析

作　　者 — 戴國良
發 行 人 — 楊榮川
總 經 理 — 楊士清
總 編 輯 — 楊秀麗
主　　編 — 侯家嵐
責任編輯 — 吳瑀芳
文字校對 — 張淑媏
封面設計 — 姚孝慈
出 版 者 — 五南圖書出版股份有限公司
地　　址：106臺北市大安區和平東路二段339號4樓
電　　話：(02)2705-5066　傳　　真：(02)2706-6100
網　　址：https://www.wunan.com.tw
電子郵件：wunan@wunan.com.tw
劃撥帳號：01068953
戶　　名：五南圖書出版股份有限公司

法律顧問：林勝安律師

出版日期：2007年 7 月初版一刷
2009年 1 月二版一刷
2010年 3 月二版二刷
2012年 2 月三版一刷
2016年 9 月三版三刷
2017年 3 月四版一刷
2018年 3 月五版一刷
2019年10月六版一刷
2021年 6 月七版一刷
2023年 3 月八版一刷

定　　價：新臺幣420元